中国民航局重大科技专项（201501）研究成果

机场 APM 系统制式选型与规划方法

柳拥军◎著

中国铁道出版社有限公司
CHINA RAILWAY PUBLISHING HOUSE CO., LTD.

内 容 简 介

本书在论述机场 APM 系统的功能与发展沿革的基础上,介绍了机场 APM 系统的技术架构,阐述了机场 APM 系统的规划流程、系统技术分析、选型决策方法以及各个子系统详细的规划方法。全书共分为 6 章,分别是 APM 系统的历史及其在机场的作用,机场 APM 系统技术架构,机场 APM 系统规划流程及性能与功能要求分析,机场 APM 系统技术分析,机场 APM 系统技术制式选型决策方法,机场 APM 系统组件的规划等。

本书可供从事机场 APM 系统规划、设计、施工、运维的技术人员和管理人员等使用,也可供从事其他轨道交通系统规划的研究人员以及高等院校相关专业师生参考。

图书在版编目(CIP)数据

机场 APM 系统制式选型与规划方法/柳拥军著. —
北京:中国铁道出版社有限公司,2023.6
ISBN 978-7-113-29982-8

Ⅰ.①机… Ⅱ.①柳… Ⅲ.①国际机场-交通运输系统-系统规划-研究 Ⅳ.①TU248.6

中国国家版本馆 CIP 数据核字(2023)第 032759 号

书　　　名:**机场 APM 系统制式选型与规划方法**
作　　　者:柳拥军

策　　　划:张松涛　　　　　　　　　编辑部电话:(010)83527746
责任编辑:张松涛　李学敏
封面设计:郑春鹏
封面制作:刘　颖
责任校对:苗　丹
责任印制:樊启鹏

出版发行:中国铁道出版社有限公司(100054,北京市西城区右安门西街 8 号)
网　　　址:http://www.tdpress.com/51eds/
印　　　刷:北京铭成印刷有限公司
版　　　次:2023 年 6 月第 1 版　2023 年 6 月第 1 次印刷
开　　　本:787 mm×1 092 mm　1/16　印张:10　字数:250 千
书　　　号:ISBN 978-7-113-29982-8
定　　　价:68.00 元

2009 年，《民用机场管理条例》开始实施，自此我国民航机场事业发展进入快车道。到 2022 年，我国运输机场总数超过 250 个，通用机场接近 400 个。同时还涌现出北京大兴国际机场、昆明长水国际机场等一批世界一流水平的超大机场样板工程。2023 年，我国将进一步加大基础设施建设力度，颁证运输机场有望达到 258 个。

大型机场的各种设施（包括航站楼、卫星厅、停车场等）占地面积很大，建设过程受诸多复杂因素的影响，各功能模块和产业园区的分布只能做到适度集中，导致这些功能模块之间，以及功能模块与产业园区之间的地面交通成为一个突出的问题，由此产生了对机场 APM（Automate People Mover，自动旅客捷运）系统的需求。

APM 是具有完全自动化、无人驾驶的运输系统，其特征在于车辆运行于特制的导轨上。1971 年，第一套商业化运营的现代 APM 系统在坦帕国际机场建成，之后进一步推广应用于其他机场、城市商业区和主题公园等场所。APM 系统不同于传统的重轨和轻轨公共交通，其典型技术特征是自动驾驶并采用比传统铁路更窄的轨道和更小的车辆。目前全球已有数十个 APM 系统在大型机场运营，分为机场空侧 APM 系统和陆侧 APM 系统。陆侧 APM 系统更接近于城市轨道交通系统，机场特色不明显。而空侧 APM 系统则主要服务于机场航空旅客，属于机场功能的一部分。早期的空侧 APM 系统通常用于解决航站楼内、航站楼与航站楼、航站楼与卫星厅的连接问题。近年来，APM 系统在机场范围内的应用更为广泛，包括联系陆侧的各功能区，例如城市或城际轨道交通车站，大型停车、租车设施，酒店等。与欧美国家相比，我国机场 APM 系统的发展较晚，尤其是在空侧 APM 系统方面。最早建设空侧 APM 系统的机场是香港国际机场与台北桃园国际机场，分别于 1998 年和 2003 年开通，北京首都国际机场于 2008 年 2 月 29 日开通了第一套空侧 APM 系统，上海浦东国际机场空侧 APM 系统于 2019 年 9 月 16 日开通，深圳宝安国际机场空侧 APM 系统于 2021 年 12 月开通，成都天府国际机场的空侧 APM 系统也即将开通。目前，我国越来越多的省会城市机场已经将空侧 APM 系统纳入了机场规划之中。

本书主要讨论机场空侧 APM 系统的制式选型与规划方法。需要指出的是，我国机场 APM 系统发展的时空背景与欧美等国有很大的不同。欧美地区各国人口密度低，民用航空业发展较早，最初所建设的机场大多数都没有规划 APM 系统。之后，由于航空旅客长期增长，机场扩建导致机场面积不断扩大，从而出现了对 APM 系统的需求。这就造成了他们的 APM 系统实施的物理空间条件较差，必须选择具有较小的转弯半径和良好的爬坡性能的运载工具，灵活轻巧的胶轮路轨车辆正好能够满足这种空间环境的苛刻要求。

相比而言，我国的机场建设是规划先行，可将 APM 系统的规划与机场规划同步进行。与此同时，经过多年高速发展，我国城市轨道交通的建设呈现出制式多样化、技术多元化的趋势，传统轻轨、跨坐式单轨、胶轮路轨、中低速磁浮、有轨电车等中低运能系统的实践和探索积累了丰富的经验，这就为 APM 系统的选型和规划创造了较好的环境。在国内机场 APM 系统尚未形成主流发展方向的情况下，可根据不同机场 APM 系统市场发展的需求，通过不断的实践、总结和提升，最终形成具有中国特色的机场 APM 系统技术和产业。

系统制式选型是机场 APM 系统规划中极为重要的一环。作为系统最核心、最关键的设备，APM 车辆的制式和技术状态在相当程度上决定了系统的效能，因此机场 APM 系统制式的选型实际上是围绕车辆制式选型而展开的。这是一个涉及交通运输工程、车辆工程、道路与铁道工程等多门学科的具有多学科交叉性质的重要课题。

机场 APM 系统规划属于机场总体规划中的一个部分，它与机场规划的其他内容相互交叉，存在着密切的关系，因此机场 APM 系统的规划人员应同时具备机场和轨道交通两方面的技术背景。然而，从我国的工程实际经验来看，机场 APM 系统的规划主要由机场方面实施，其研究团队在机场设施的规划方面有丰富的经验，但通常不太熟悉 APM 系统及其与机场设施和功能模块之间的接口关系，给规划工作带来一定的困难。为了提升国内机场 APM 系统技术的总体水平，国家民航局将《大型枢纽机场旅客捷运系统关键技术研究与应用》列入 2015 年重大科技专项。该项目由北京首都国际机场和北京交通大学相关专家、教授、研究生等组成的研究团队承担，主要针对机场 APM 系统核心技术及其应用开展专题研究。

本书作者，北京交通大学柳拥军，曾作为课题组主要成员参与了该项目的研究，主要负责"大型枢纽机场旅客捷运系统关键技术研究与应用（车辆选型）"子课题。该子课题通过建立传统轻轨、跨坐式单轨、胶轮路轨、中低速磁浮、有轨电车等不同制式的轨道车辆的运行仿真模型，获得相应的技术指标体系；在此基础上研究了能够满足机场设计、建设、运行管理需求的机场 APM 系统车辆选型计算机辅助决策技术，能够通过数据、图表等多种方式呈现不同参数条件下机场 APM 系统的适应性。

本书是在课题研究成果的基础上撰写，并进一步研究了空侧 APM 系统各组件与机场各功能区之间的接口技术。全书各章围绕机场 APM 系统制式选型与规划的核心要素和关键步骤展开，首次系统地阐述了机场 APM 系统的技术架构，提出了 APM 系统规划与制式选型的决策方法和通用流程，并详细探讨了系统各组件与机场各功能区接口的技术方案。

全书共分为 6 章，第 1 章论述了 APM 系统的历史及其在机场的作用。第 2 章描述了机场 APM 系统技术架构。第 3 章阐述了机场 APM 系统规划流程及性能与功能要求分析。第 4 章对机场 APM 系统潜在的可选择制式进行了详细的技术分析。第 5 章以国内某大型枢纽机场空侧 APM 系统的规划为例，论述了制式选型决策方法的原理。第 6 章阐述了机场 APM 系统各组件与机场各功能区的接口技术，并给出了具体的规划方法。

由于著者水平有限，书中难免有不足之处，恳请广大读者批评指正。

著　者

2022 年 8 月

目　录

第 1 章　APM 系统的历史及其在机场的作用

1.1　APM 系统的起源

APM 是一种无人自动驾驶、沿着固定导轨运行的大众运输系统,其主要特征是列车的微型化,享有专有路权,因而不会受到道路交通系统的拥堵和干扰。目前 APM 系统主要应用于大型机场地面运输,在城市轨道交通的应用也越来越多。一些国家或地区的"新交通"或"轻轨",甚至是地铁,有时也会被归为 APM 系统。APM 系统制式可以是胶轮路轨、钢轮钢轨、单轨,甚至是磁浮。

公认的世界上第一个 APM 系统建于奥地利的萨尔茨堡要塞。萨尔茨堡要塞位于萨尔茨堡城堡山上,始建于 1077 年,是欧洲最大的中世纪城堡之一。为了将生活物资运送到山上的城堡,于 1515 年修建了长约 625 英尺(1 英尺 = 0.304 8 m),坡度 67% 的运货缆车系统,成为世界上最古老的 APM 系统。这一系统在很多方面与现代 APM 系统相似。它铺设有两条轨道,两辆缆车沿轨道运行并通过绳索连接。山上设有绞盘,连接缆车的绳索可绕绞盘转动。驱动方面,该系统使用车载水箱和重力推进,其原理如图 1.1 所示。两车的初始位置分别在山上和山下,山下的车辆(图中车辆 2)将需要运上山的货物装入载货仓,山上的车辆(图中车辆 1)将需要运下山的货物装入载货仓;若车辆 1 的总重量大于车辆 2,则松开系统制动装置,在重力作用下两车分别向山下和山上移动,交换位置;若车辆 1 的总重量小于车辆 2,则向车辆 1 的水箱注水直至其总重量大于车辆 2,同样是在重力作用下两车分别向山下和山上移动,交换位置。

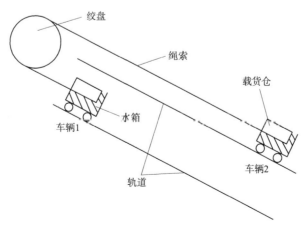

图 1.1　萨尔茨堡要塞 1515 年建设的运货缆车系统

数百年来,萨尔茨堡城堡的缆车系统几经改造,目前仍在运营,主要供游客进出城堡使用,已经成为萨尔茨堡市重要的景点之一,如图 1.2 所示。

图 1.2 萨尔茨堡城堡的缆车系统现状

1.2 现代 APM 系统的起源与发展

20 世纪 50 年代初期,美国通用汽车公司在研制沿轨道运行的无人驾驶车辆时,最早提出了现代 APM 系统的概念。随后纽约市交通管理局陆续在纽约时代广场和大中央车站之间,沿着第 42 街开通了一个示范性质的自动化客运系统。尽管该系统存在的时间很短,但其所展示的无人驾驶、自动化运行的概念还是引起了人们的关注。

大约十年之后,在美国住房和城市发展部的资助下,威斯汀豪斯电气公司(Westinghouse Airbrake Company)开发出了一种 APM 技术,命名为 Skybus。Skybus 的电气与控制设备使用了晶体管技术,走行部采用橡胶轮胎和中央导向技术。该系统被称为阿勒格尼县港口管理局南部公园示范项目(PAAC),如图 1.3 所示,于 1965 年至 1966 年间试运行。同一时期在匹兹堡市也规划了类似的项目,但没有完成。在试验项目的基础上,威斯汀豪斯电气公司继续推进 APM 技术的发展,5 年后推出了新一代 Skybus 系统。该系统作为世界上第一个机场 APM 系统在坦帕国际机场得到应用。

20 世纪 70 年代期间,美国很多技术和资金实力雄厚的国防防务承包商将业务范围扩大到 APM 领域,尤其是航空航天领域的制造商。波音公司于 1975 年为西弗吉尼亚大学校园的个人捷运系统提供了车辆。LTV 航空航天公司承建了达拉斯/沃斯堡机场的 13 英里(1 英里 = 1.6 km)长的机场运输系统(Airport Transportation System,AIRTRANS)(见图 1.4)。尽管这些航空航天领域制造商在自动化轨道交通运输技术方面投入的时间和资金有限,但他们建设的 APM 系统却具有很高的可靠性——AIRTRANS 系统在全球最繁忙的机场之一坦帕国际机场安全运营了 30 多年,西弗吉尼亚大学校园内的个人捷运系统至今仍在正常使用。

图 1.3　美国阿勒格尼县的 Skybus 示范项目

图 1.4　达拉斯/沃斯堡机场的 AIRTRANS 系统

　　在此期间,美国联邦政府启动了城市中心区交通建设示范项目,鼓励各大城市建设 APM 系统作为市中心的主要交通工具。最初,四个一线城市被选中并获得联邦政府资助,但这些系统都没有建成。第二轮资助计划中包括迈阿密和底特律,两个城市分别于 1985 年和 1987 年建成了 APM 系统。尽管美国政府在 20 世纪 60 年代和 70 年代主要推动 APM 系统在城市的应用,实际上 APM 系统在世界各地机场的应用中反而取得了更大的成功。从 1971 年的坦帕国际机场开始一直持续到今天,APM 系统一直在助力解决客运量日益增长、机场规模日益扩大所带来的问题。

　　20 世纪 70 年代到 80 年代初期,其他国家也开始在 APM 系统开发方面取得进展,尤其是欧洲国家、日本和加拿大。1983 年,法国马特拉公司开发的 Vehicle Automated Light(VAL)系统在法国里尔开通运营(见图 1.5),拥有 8.2 英里的线路长度和 18 个车站。VAL 系统及所包含的许多先进技术,尤其是列车自动控制技术,在法国随后的城市和机场 APM 系统建设中被广泛推广和应用。

最具代表性的进展是 2007 年,巴黎戴高乐国际机场完成了 VAL 系统的建设。而在此之前,VAL 技术已于 20 世纪 90 年代初成功应用于美国芝加哥奥黑尔国际机场。

图 1.5　法国里尔的 VAL 系统

在日本,政府和相关工业组织在 20 世纪 70 年代初开始关注 APM 系统。LTV 航空航天公司将 AIRTRANS 技术授权给日本新泻工程公司,并协助其进行了几项关键性技术的改进。随后,日本政府将这项技术作为其自行式 APM 的技术标准,其他日本供应商,包括川崎和三菱,也相继开展了 APM 业务。在随后的几年里,城市和机场 APM 系统在日本蓬勃发展。东京成田机场和大阪关西机场都已建成 APM 系统,其中成田机场为有轨电车制式,关西机场为标准自行式 APM 系统;大阪、神户、东京和横滨等市区也都建设了城市 APM 系统;三菱公司承建了香港国际机场、华盛顿杜勒斯国际机场、新加坡樟宜机场的空侧 APM 系统,以及亚特兰大国际机场的陆侧 APM 系统;新泻工程公司承建了台北国际机场的 APM 系统。

日本 APM 系统的技术标准与北美和欧洲明显不同。在日本,不同供应商的技术之间往往是可以兼容的,即不同供应商可以承担同一个 APM 系统的不同子系统,而其他国家不同 APM 供应商的技术通常是专有的,彼此之间有很大的区别,一般是不可兼容的。

在加拿大,城市交通发展公司(Urban Transportation Development Corporation, UTDC)在对自动化导轨捷运系统进行了广泛的研究之后,为多伦多市开发了一种新的无人驾驶有轨电车(也可归纳为轻轨车辆,即 LRT)车辆技术。这一自动化轻轨系统的技术特点是无人驾驶,钢轮钢轨支撑和导向,直线感应电机驱动。在多伦多首次应用之后,UTDC 又采用该技术为美国底特律市建设了自动化客运系统,为温哥华建设了 Sky Train 系统。UTDC 的这项技术之后被庞巴迪公司收购。庞巴迪基于该技术开发了尺寸更大的车型(称为 ALRT II 型车辆),并在温哥华新建了采用该车型的线路,之后又应用到马来西亚吉隆坡的城市轨道交通系统。ALRT II 技术也在纽约肯尼迪国际机场陆侧 APM 系统获得应用,命名为 AirTrain 系统。

在中国,2014 年,由中车南京浦镇车辆有限公司和庞巴迪运输集团共同出资组建了中车浦镇庞巴迪运输系统有限公司,成为国内第一家专门从事单轨和 APM 胶轮轨道交通车辆及系统设计、生产、集成与销售的专业公司。公司成立以来,成功获得多个 APM 项目合同,其中包括香港机场 APM、深圳机场 APM、泰国金线 APM 项目等。2018 年 3 月,采用其车辆的国内首条轨道交通 APM 无人驾驶线路——上海浦江线正式开通试运营。

1.3　机场 APM 系统的历史沿革

1.3.1　机场 APM 系统的发展背景

自 20 世纪 70 年代初以来,机场 APM 系统的出现和快速发展可归因于三个主要因素:

(1)机场客运量的增加以及机场航站楼等功能设施的扩张;

(2)现有运输技术不能满足越来越高的机场地面客运交通需求;

(3)APM 相关技术得到长足的发展,特别是固态半导体技术的日益成熟,有力地推动了自动驾驶技术的发展。

机场客运量的增加以及机场航站楼等功能设施的扩张是推动机场 APM 系统发展的首要因素。以全球第一大航空市场美国为例,在 20 世纪 70 年代末和 80 年代,美国机场乘客数量大幅增加,部分原因在于 1978 年美国出台《空运管制解除法》,放松了联邦政府对航空公司的管制。美国航空公司之间的竞争形式是降低机票价格,增加航班。从 1970 年到 1975 年,美国国内航空旅客每年的平均增长率仅为 4.1%,但在接下来的 15 年期间,这一数字上升到 6.4%,美国国内航空旅客总数从 1970 年的 1.7 亿人次增至 1990 年的 4.66 亿人次。20 世纪 80 年代初开始出现的所谓“折扣”航空公司,又进一步推动了航空旅客人数的增长。为提高运输效率,航空公司开始将其旅客运输服务从“出发地—目的地”模式,转变为“出发地—转机—目的地”模式,其中一些处于交通中心的机场发展为枢纽机场,另一些成为支线机场。在两个支线机场之间旅行的航空旅客从支线机场起飞,在枢纽机场降落,转机后飞往另一支线机场。航空公司的这种运输模式大大增加了枢纽机场的客运量。一些枢纽机场老旧的航站楼等设施已无法满足客运需求,因此需要建设新的航站楼、卫星厅以及其他功能设施。APM 系统非常适合作为这些新建设施之间以及新设施与原有设施之间的连接工具。因此,很多 20 世纪 70 年代建造的新机场以及老机场新建的航站楼,如坦帕、奥兰多以及达拉斯/沃斯堡机场,都把 APM 系统作为其空侧和陆侧的主要地面交通工具,融入机场整体布局之中。

机场 APM 系统快速发展的第二个驱动因素是机场常用的地面交通技术已经不能满足运输需求。自动人行道、标准轨道交通以及公交巴士交通都是为满足某些运输需求而发展的,并不能很好地满足机场的具体需求。机场地面交通需要的是可靠性高、运量大(可携带行李),但运输距离却相对较短(300～500 m)的运输技术。

自动人行道运量太小,一旦碰到多架飞机同时到达的状况,会产生一个短时间的客流高峰,而自动人行道无法承担过大的运量。同时,自动人行道速度偏低,当运输距离过长时,乘客将耗费较长时间,对提高机场的运输效率不利。标准的轻型或重型轨道交通需要更长的行车时距、更大的隧道直径或高架轨道结构以及更长的上下车时间。由于车站间距离太短,无法发挥标准轨道交通运行速度高的优点。标准轨道交通的列车通常是固定编组,每列车的容量始终保持不变,而机场地面交通客流存在着显著的潮汐现象,在一天中的不同时段客流量相差极大,显然容量固定的列车是不适合的。公交巴士地板偏高,上下车都需要上下多级台阶。公交车站无法封闭,乘客在等车、上下车的过程中可能会暴露在冷、热、雨、雪等恶劣环境中。在行车路线选择方面,很多情况下公交巴士必须绕行,如在遇到飞机跑道时,这将大大降低公交巴士的运输效率。

技术进步,尤其是固态半导体技术的日益成熟,使得机场 APM 系统的快速发展成为可能。基于固态半导体技术可以开发出功能强大的集成电路,其结果就是小型 APM 车辆(通常长度为 30～40 英尺)安全可靠运行所需的复杂控制设备日益小巧轻便,足以轻松适应车辆。现有技术已经可以将多功能的控制元件和重要的安全设备集成到驱动、制动和车门控制模块中,监控这些子系统的性能。基于微机和软件的列车控制系统使得 APM 和其他形式的轨道交通技术产生了质的飞跃,适应大客流、复杂客流的能力越来越强。

1.3.2 机场 APM 系统的发展历程

1. 第一个空侧 APM 系统

在 20 世纪 60 年代初,美国希尔斯伯勒县航空管理局决定要扩大坦帕国际机场的运力,同时提出了要对航空乘客保持高水平服务的要求。高水平服务最关键的指标之一是要求直飞旅客从值机柜台到登机门,或者转机旅客从下飞机到再次登机之间所需要步行的距离不大于 700 英尺。通过扩展现有航站楼来增加登机门满足不了要求,因此决定兴建一个功能齐全的新机场设施。

图 1.6 是坦帕国际机场的卫星照片,可以看到新的机场设施由一个中央功能区和六个环绕中央功能区的卫星厅所构成。票务、行李托运、行李领取、行李索赔等旅客服务活动都集中在中央功能区完成,六个布满登机口的卫星厅只负责乘客登机、下机业务。与传统的航站楼功能布局相比,这是一种经济、高效的布局,达到了以较小的占地面积,实现较高的年旅客吞吐量的目的。

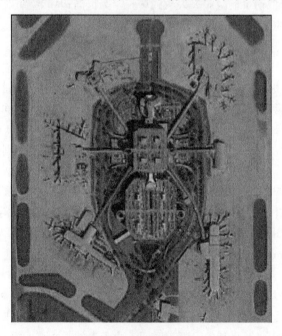

图 1.6 坦帕国际机场

停车场位于中央功能区附近,自行开车到达或离开机场的乘客可以方便地出入功能区。但是六个卫星厅离中央功能区距离较远,办理完相关登机手续的航空旅客若是步行前往卫星厅处的登机门登机,则步行距离会超过 700 英尺。因此,从确定新机场建设的决策出台之时,连接中央功能区与卫星厅的 APM 系统就作为新机场的一个重要组成部分纳入规划之中。连接每个卫星厅与中央功能区的 APM 系统均包含往返两条 APM 轨道,每条轨道上运行一列列车,提供往返服务。这种配置使得每条轨道上列车的运行都独立于另一条轨道,因此一条轨道的故障不会影响另一条轨道。通过 APM 系统的连接,实现了航空乘客的步行距离小于 700 英尺的目标。

为了简化上下车过程,该 APM 系统的车站站台高度与登机门处地板高度相同,并且采用了最有利于旅客快速疏散的岛侧混合式站台。岛侧混合式站台在疏散乘客方面的效率在此应用中得到证实(减少旅客在车站的停留时间),因此后续很多美国机场在建设 APM 系统时都采用了这种类型的站台。

坦帕国际机场建设的第一阶段是中央功能区和四个卫星厅,每个卫星厅与中央功能区之间都通过双线穿梭型 APM 线路连接,配置两列一辆编组的列车。线路长度范围分别为 800～1 000 英尺,最早的列车的行车时距(即连续发出的两列车之间的间隔时间)为 1.5 min。之后机场又增加了两个卫星厅,每列列车的编组数量从一辆车增加到两辆。第一阶段建设的四个卫星厅又通过扩展而设置了更多的登机门。

2. 第一个陆侧 APM 系统

1970 年,美国达拉斯/沃斯堡机场(见图 1.7)正在建设之中,机场运输系统是其中一个重要的建设项目。机场董事会先是资助两家初创公司 Varo 和 Dashaveyor 进行开发工作,之后出于财政原因要求这两家公司与大公司合作。随后,Varo 选择 LTV 航空航天公司合作,Dashaveyor 选择 Bendix 和后来的威斯汀豪斯电气公司合作。

最初的机场运输系统(AIRTRANS)设定的功能是运输人员(包括航空旅客和机场、航空公司员工)以及货物(包括旅客行李、邮件、生活物资、垃圾以及大宗物资)。由于多元化的功能要求,导致系统物理结构极为复杂,当时世界上还没有能够胜任的原型设备和运营模式。这几家公司进行了大量的创新设计,并通过模型和仿真来说服机场董事会同意建造方案。

1971 年 5 月,机场董事会发布了分别来自 LTV 航空航天公司和威斯汀豪斯电气公司的两份 AIRTRANS 的建造方案。经技术和财务评估后,来自 LTV 航空航天公司的方案被选中。1971 年 8 月 2 日机场发出开工通知。该系统的建造时间非常短,仅 30 个月,因此采用了快速施工方法。机场最初对该运输系统提出的功能要求大部分都达成并得到展示。尽管大宗物资运输的功能被取消,但旅客和员工、行李和邮件、生活物资供应和垃圾运输服务都得以实现。

AIRTRANS 于 1974 年 1 月开始投入运营。在线路长度、列车数量和服务范围方面,是当时世界上最大的一种机场 APM 系统。线路是一系列互相连接的回路,其中三条支线连接航站楼,两条支线连接远的停车场,共设有 17 个车站。根据地势的不同,路线既有高架的,也有在地面铺设的。按照所服务的航站楼或停车场的需求,各条支线分别配置编组为一辆或两辆的列车。最初总共配置了 17 辆车,每辆车的额定容量为 51 人。

20 世纪 90 年代初,航空公司将 AIRTRANS 升级完善为新的 TrAAm 旅客运输系统,该系统所使用的固定和移动设备是在 AIRTRANS 系统设备基础上的升级版,并运行在原有线路上。与原系统相比,新系统可以使航空旅客去往登机口的行程时间减少一半。随着机场客运量的不断增加,2005 年,TrAAm 再次升级为新的高架 Skylink 系统。Skylink 系统是世界上规模最大的机场 APM 系统之一,每个方向每小时的高峰运量可达 5 000 人。不断升级的 APM 系统为达拉斯/沃斯堡机场提供了范围广泛的客货运输服务。借助于先进的 APM 系统,达拉斯/沃斯堡机场从一个始发直达类型的支线机场最终发展成为世界上最大的航空枢纽机场之一。

图 1.7　达拉斯/沃斯堡国际机场

3. 空侧 APM 系统快速展期:20 世纪 70 年代至 20 世纪 80 年代

1971 年,坦帕国际机场的双线穿梭型空侧 APM 系统建成之后,运营效果远超预期,取得了巨大的成功。在接下来的 20 年里,绝大多数美国机场 APM 系统都采用了这种模式。这些系统的线路总长度相对较短(1 000 ~ 2 000 英尺),设置两个车站,列车驱动和控制技术都相对简单。

在机场 APM 系统发展的前 20 年,很多机场所建的空侧 APM 系统都是位于地面或高架上的双线穿梭型,如坦帕、迈阿密和奥兰多机场等。这些简单的双线穿梭型 APM 系统的主要制造商是以 C-100 技术作为主导的美国制造商威斯汀豪斯电气公司。比较例外的是西雅图和亚特兰大的机场

APM 系统。西雅图机场 APM 系统位于地下隧道中,由两个独立的环线和一个穿梭线路相互连接而成。亚特兰大机场于 1980 年开通了空侧 APM 系统,采用了双线循环型运行线路,即通过渡线允许列车进入对面轨道返回。这一功能允许系统有两列以上的列车同时运行。

4. 双线循环运行模式成熟期:20 世纪 90 年代

20 世纪 90 年代,线路更长,可以连接更多个航站楼和车站的双线穿梭循环型运输系统成为机场 APM 系统建设的主流。一些世界上著名的枢纽机场,如美国芝加哥奥黑尔、纽瓦克、丹佛等国际机场,法国法兰克福国际机场,以及中国香港国际机场都在 1993 年至 1996 年间修建了空侧和陆侧 APM 系统。这些 APM 系统都采用了与亚特兰大机场类似的双线循环系统,在线路的端点都设置道岔,允许列车切换到对面车道进行循环。线路长度扩展至 5 000 到 10 000 英尺,行车时距低至 2 min,并允许多列列车同时运行,因此大幅度提高了小时运量。同时,由于车站间距变得更长,列车的运营速度也比早期的穿梭型 APM 列车有了较大幅度的提高。

在同一时代,很多新建机场也修建了 APM 系统。早期的往返式 APM 列车往往是自身动力车辆(车辆依靠车载电机驱动),但是随着技术的发展,许多机场 APM 系统开始采用了缆索动力车辆(车辆依靠路旁的电机、绞盘和绳索驱动),例如美国辛辛那提机场和日本东京成田机场。

美国是机场 APM 系统的发源地,也推动了机场 APM 系统的快速发展,但是随着英国、德国和日本机场 APM 技术的不断发展,其主导地位逐渐失去。

5. 21 世纪机场 APM 系统的技术创新与应用特点

进入 21 世纪,机场 APM 系统继续快速发展,各个方面的技术创新也持续不断,在轨道、车辆悬挂和车辆驱动技术、线路长度、列车运营速度以及供应商和修建机场 APM 系统的国家数量等各个方面都取得了重要进展。典型的技术创新包括:德国杜塞尔多夫机场的基于 H-Bahn 空中轨道列车制式的 APM 系统;美国明尼阿波利斯机场的基于可拆卸式绳索驱动的双线循环 APM 系统;英国伯明翰机场以绳索驱动技术替代磁悬浮技术;基于通信的列车控制技术的发展;伦敦希思罗机场开通的基于小型车辆的个人快捷运输系统示范线等。

而在机场 APM 系统功能扩展方面比较有特色的有:纽约肯尼迪机场、纽瓦克机场,北京首都国际机场的陆侧 APM 系统都实现了机场区域与所在城市轨道交通系统的连接;美国西雅图和亚特兰大机场,在维持系统正常运营的条件下,对 APM 列车的控制系统进行了技术升级并更新了车辆;瑞士苏黎世机场为了扩展 APM 线路,轨道从机场跑道下方穿过;墨西哥城国际机场为了扩展 APM 线路,轨道绕过了机场跑道。

在 21 世纪的前十年,世界范围内机场 APM 系统的数量几乎翻了一番,也出现了一些采用新制式的机场 APM 系统。APM 系统和子系统的制造商、供应商数量不断增加。APM 系统已经被公认是枢纽机场的重要组成部分。

1.4　现代机场 APM 系统的功能定位

对机场来说,陆侧与空侧 APM 系统的作用有很大的不同。空侧 APM 位于空防安全的一侧,通常用来连接登机门与机场功能区(承担票务、托运和领取行李、行李索赔等功能的建筑区域)或连接其他登机门。陆侧 APM 系统位于空防安全的另一侧,通常用来连接机场功能区与其他机场附属设施或临近的地面功能设施,包括停车场、汽车租赁处、城市公共交通中转站以及酒店、商务区等。

1.4.1 空侧 APM 系统的功能

空侧 APM 系统位于空防安全的一侧,乘坐空侧 APM 系统的乘客要么已经通过安全检查,没有安全问题,要么是从到达的飞机上下机、尚未出机场的乘客。有些空侧系统也用于登机门与海关、移民局之间运送到达的国际乘客。这类系统要保证尚未清关的到达国际乘客与其他航空乘客、机场和航空公司员工之间处于隔离状态。由于通过安检的旅客或下机旅客都不会携带大件行李,因此空侧 APM 系统通常设计为只能适应携带随身小件行李的乘客。通过对国外空侧 APM 系统主要功能的调研和分析,可以发现空侧 APM 系统主要有以下两种不同的功能:

其一是航站楼功能区与登机门的直达连接,可称为出发地/目的地直连。APM 系统将航站楼功能区连接到位于航站楼内或位于独立的卫星厅的登机门。所有出发的乘客在同一候机楼内进行票务、行李等的处理,并搭乘 APM 列车去往他们的出发大厅。同样,从到港航班下机的乘客(包括国际航班旅客)乘坐 APM 到达同一航站楼,或到行李处领取行李,或转机其他国内航班,或离开机场。

其二是连接不同的登机门,可称为转机连接。APM 将位于同一航站楼或不同航站楼的登机门连接起来,以便于转机的旅客从下机口到达再出发的登机口。APM 系统为登机门之间的旅客移动提供了一个快速运输工具,与其他运输工具,如自动人行道、巴士等相比,APM 系统可以以更短的时间实现更长距离的运输。

空侧 APM 系统在促进机场服务功能提升、拓展机场空间布局等方面所起的作用主要有以下几点:

(1)通过提供更快的地面运输工具,减少了旅客的步行距离与步行时间,使得机场方面可以在不降低乘客服务水平的前提下,将航站楼以及卫星厅的登机门布置在更远的距离,有效拓展了机场的空间布局,提高了旅客年吞吐量。

(2)APM 系统使得机场地面运输系统在容量和速度两方面得到大幅提升,远端登机门与中央功能区之间的连接大大加强,因此可以在航站楼远端以及远程卫星厅布置更多的登机门。一些枢纽机场的登机口数量可以达到 60 个以上,每年可为超过 2 000 万航空旅客服务。

(3)通过 APM 系统的连接,需要扩展空间的机场可以在跑道另一侧增建一些多功能厅和登机口,而不用额外增加绕行道路、停车场和航站楼等设施。

1.4.2 陆侧 APM 系统的功能

陆侧 APM 系统一般是在多个航站楼之间或航站楼与其他机场功能设施之间运送乘客,乘客在登上列车之前通常还没有经过安检。陆侧 APM 系统的规划通常要考虑为乘客提供大件行李甚至行李车的空间。因此,在空侧可搭载 70~75 名乘客的 APM 列车,若运行在陆侧则只能搭载 40~50 名乘客。同时,陆侧 APM 系统线路更长,旅行时间也比空侧系统要长,往往可以抵达偏远的停车场、汽车租赁场或与机场联运的其他交通设施。通过对国内外陆侧 APM 系统主要功能的调研和分析,可以发现陆侧 APM 系统主要有以下两种不同的功能:

其一是为乘客在机场陆侧内部的地面交通提供工具——APM 系统连接机场陆侧的各个功能区,如航站楼、停车场、汽车租赁场等,使乘客能够在各个功能区之间快速移动。APM 系统替代了公交巴士,从而减少了机场物业范围内的道路拥堵和污染排放。

其二是连接机场与城市公共交通系统——APM 系统用于将机场航站楼与城市或区域公共交

通网连接起来。乘客可以通过 APM 系统进入公交系统,如城市公交车或城市轨道交通系统等。APM 系统有助于减少该地区的道路拥堵和汽车排放。

陆侧 APM 系统的功能主要有以下几点:

(1)替代公共巴士,为航空旅客提供直达机场的快速专线,并减少机场附近的道路拥堵和污染物排放。

(2)使处于独立状态的多个航站楼及其所配置的登机门相互连接在一起,形成一个功能完善的分散分布的功能区,提高机场的效率。

(3)通过 APM 系统的连接,为汽车租赁场带来更多的人流,有助于提高租赁汽车的需求。

(4)提供了从城市公共交通网络到机场的近乎无缝的连接,有助于促进更多的航空旅客通过环保的轨道交通模式进入机场,减少区域内的道路拥挤和污染物排放。

另外,陆侧 APM 系统还有利于机场周边土地的增值。随着机场的扩展,航站楼和道路的扩建往往迫使汽车租赁中心、停车场等其他设施搬迁到更偏远的地方,从而推动这些地方的商业发展和土地增值。

小　结

最早的奥地利萨尔茨堡要塞的 APM 系统依靠车载水箱和重力推进,而现代具有电力驱动、沿轨道运行、无人驾驶特征的 APM 系统则起源于美国。自 20 世纪 50 年代以来,美国、日本、法国、加拿大等国相继发展出各具特色的 APM 系统技术。随着客运量的增加以及航站楼等功能设施的扩张,自动扶梯等现有运输技术不能满足越来越高的机场地面客运交通要求,APM 相关技术的不断发展等是推动 APM 系统应用于机场的主要动力。

空侧 APM 系统的功能是连接航站楼功能区与登机门,或连接不同的登机门。空侧 APM 系统可以促进机场服务功能提升,拓展机场空间布局。陆侧 APM 系统的功能是为乘客在机场陆侧内部的地面交通提供工具,或连接机场与城市公共交通系统。陆侧 APM 系统可减少机场附近的道路拥堵和污染物排放,提供了从城市公共交通网络到机场的无缝连接,提高机场的效率,有利于机场周边土地的增值。

第 2 章 │ 机场 APM 系统技术架构

APM 系统是一种沿着固定导轨运行并享有专有路权的全自动化、无人驾驶运输系统。APM系统和其他运输技术之间的主要区别在于 APM 系统是无人驾驶的,车辆沿特定的轨道运行,拥有专有路权,因而不会受到类似于道路交通系统的拥堵和干扰。本章着重讨论 APM 系统的技术架构。

2.1 概 述

机场 APM 系统的技术架构包括"硬件"和"软件"两部分。APM 系统的技术设备,即"硬件",包括固定设备和活动设备两类。固定设备有轨道、电力牵引和设备供电系统、行车指挥系统、控制和通信系统、车站、维护基地等。活动设备则主要是列车(或车辆)。除了"硬件",APM 系统还要配备完善的"软件"系统才能正常工作,且充分发挥其硬件的各种功能。这里的"软件"是指一系列按照运输需求和服务要求,结合旅客流量而确定的运输组织方案、运营模式、设备维护策略等,以及围绕其执行所进行的各项有关的组织和管理工作的集合,即管理和使用 APM 系统的解决方案和执行过程。"硬件"是 APM 系统的基础,"软件"随"硬件"技术的发展而发展。为了提升"软件"水平,必须先提高硬件水平。而"软件"的不断发展与完善又促进"硬件"的更新,两者密切地交织发展,缺一不可。机场 APM 系统的"硬件"与"软件"系统相互协调、分工合作共同组成一个有机的整体,就可以提供安全、可靠和高效的客运服务。

"硬件"方面,APM 系统最重要的子系统有六个,即车辆系统、轨道系统、牵引驱动和供电系统,行车指挥系统、控制和通信系统,维护和仓储设施,以及车站;"软件"方面,APM 系统最重要的子系统是运输组织方案和设备维护策略,而运输组织方案又与轨道系统的线路构型密切相关。

作为系统"硬件"的技术设备是 APM 系统的物质基础,也在很大程度上决定了系统的技术水平和服务质量。目前世界范围内的 APM 系统还没有统一的技术标准,国内外供应商根据市场需求提出了各具特色的解决方案,形成了多种技术制式。不同制式的 APM 系统之间的技术特征差异巨大,不同供应商的 APM 系统之间通常无法互换。

近年来 APM 系统技术设备得到了很大的发展,尤其是在行车指挥系统、控制和通信系统方面的技术发展非常迅速。

2.2 车辆与轨道

2.2.1 车辆与轨道概述

随着驱动技术的不断进步,机场 APM 系统发展出两种驱动方式的车辆,一种是以安装在车辆上的电动机为动力,另一种是以缆索为动力源(缆索则以轮盘机驱动)。由于绝大多数旅客携带行李,机场 APM 车辆的容量通常小于一般轨道交通车辆,大多数车辆的额定容量为 50 ~ 75 人。陆侧系统的旅客携带所有行李,其中的大件行李会占用相当的车内空间,因此车辆额定容量偏小;空侧系统乘客一般只携带随身小行李,对车内空间的占用小,因此车辆额定容量偏大。

自身动力车辆的驱动电机有直流旋转电机、交流旋转电机以及交流直线电机。采用交流直线电机时,电机的定子通常安装在车辆上,转子安装在导轨上。缆索动力车辆以缆索连接车辆,再通过轮盘机以一定速度连续驱动缆索,拖曳车辆使车辆移动。车辆的起动和停止都可以通过拖曳缆索来实现。早期的缆索动力 APM 的车辆与缆索之间的连接大多是永久的,这种永久连接使得系统通常只能同时容纳两辆(列)车在两个车站之间循环运行。近年来,新设计的系统普遍采用可拆卸的方式,即在车辆上增加一个夹持设备,当夹持设备夹住动力绳时,车辆(列车)开始运行;当夹持设备松开缆索时,车辆(列车)开始制动,并最终停稳。利用这一车辆上的夹持设备,系统中的车辆(列车)就能够实现所有的运营所需的基本功能,如牵引、加速、减速、制动等,并且可以容纳多辆(列)车同时运行。缆索动力车辆胶轮路轨车辆同样采用完全自动化和无人驾驶,并以 30 ~ 50 km/h 的速度运行。有些车辆采用了贯通道设计,乘客可以在车辆之间移动。

根据走行部支撑原理的不同,自身动力车辆可以划分为胶轮路轨制式、钢轮钢轨制式和单轨制式;缆索动力车辆可划分为悬浮制式和车轮制式。每种制式还可以进行进一步的细分。每种制式的技术特点各不相同,但也有一些共同特征。

APM 车辆的转向与导向技术原理与车辆具体的制式相关。转向是指车辆在两条轨道之间转换,导向是指提供适当的向心力使车辆顺利通过曲线。除了钢轮钢轨制式的转向与导向是依靠车轮轮缘与钢轨之间的相互作用实现外,其他制式的转向与导向都需要专门的导向轮和导向轨。导向轮水平安装于车辆的走行部,导向轨则安装于线路上。车辆运行过程中导向轮保持与导向轨持续接触,向车辆提供横向力(向心力)。在两条轨道的转换点处铺设有道岔,导向轮与道岔相互作用使得位于车辆两端的走行部转动适当的角度,从而使车辆能够顺利地在两条线路之间转换而不会与轨道发生擦碰。

导向方式有中央导向和侧面导向两类,不同制造商使用不同的侧面和中心引导机构,每种类型都具有独特的特征,导向方式的不同也决定了各系统间无法兼容。侧导向式是将导轨设置在轨道侧面的方式,车辆的走行部由车轮、驱动装置、基础制动装置、弹簧装置、导向转向装置、回转座轴承等构成;中央导向式是将导轨设置在轨道中央的方式,车辆的走行部由车轮、驱动装置、基础制动装置、弹簧装置、导向转向装置、回转座轴承等构成。两种方式的回转座轴承都位于走行部和车体间,为走行部的回转中心,走行部相对于车体可以回转,传递横向力。

机场 APM 车辆的车厢内部空间设计要满足两方面的要求。首先是要为旅客提供一个尽可能简洁、舒适、环保的空间,处理好一些设计细节问题,例如布置较少的座席以便为大件行李预留足够的空间,在车厢内装方面进行一些优化,如在车窗玻璃上增加机场地面交通导航图等,以更好地引导旅客使用捷运系统。其次是要在满足机场旅客流程功能、机场空防对车厢隔离的要求的基础上,根据不同旅客车厢的配属数量、特殊流动空间设置等确定车厢功能的划分方式。例如对于国内旅客采用混流组织模式的机场 APM 系统,车厢内部空间功能的划分应考虑两方面因素:一是机场对不同类型旅客的隔离管制要求,二是不同类型旅客量的波动。我国上海浦东国际机场 APM

系统的国内旅客采用的就是混流组织方式。

2.2.2　车辆

1. 胶轮路轨车辆

该制式车辆采用了道路交通的轮胎技术,即橡胶车轮。走行部配置了专门的导向车轮,导向车轮既有橡胶车轮的,也有钢制车轮的。轨道为混凝土结构,走行用的轨面也可以是钢制。为了确保在寒冷结冰气候条件下的车轮黏附力,轨面下方可以安装加热装置。

自身动力胶轮路轨车辆既有较好的黏着性能也有较强的导向能力。这些特性提高了其加、减速性能和选线的灵活性,对小半径、大坡度、高架桥、隧道等困难地形有较好的适应性。但这种车辆的缺点是运行速度不高,一般在 50～70 km/h,并且橡胶车轮在路轨表面存在水、油时黏着性能急剧下降,因此冰雪天气下容易丧失高牵引力的优势。典型的自身动力胶轮路轨制式机场 APM 车辆大约长 12 m,宽 3 m,可单节运行,也可编组成列车运行,编组一般不超过 6 辆,例如 2 辆、4 辆、6 辆编组等。车辆设备可以分为两类:一类是主要服务乘客的车内设备,包括照明灯具、空调与采暖装置、通信与乘客广播系统以及座椅、乘客扶手、行李架、火灾探测和紧急灭火设备等;另一类是维持车辆(列车)正常运行所需的设备,包括电气系统、制动系统、安全设施、故障控制和诊断系统等。图 2.1、图 2.2 是两个机场自身动力胶轮路轨车辆示例。

图 2.1　旧金山国际机场　　　　图 2.2　芝加哥奥黑尔国际机场
Bombardier CX-100 车辆　　　　Siemens VAL 256 车辆

2. 钢轮钢轨车辆

钢轮钢轨是一种技术成熟度高、运量大、应用广泛的制式,包括有轨电车、轻轨列车以及地铁列车(快速轨道交通)等多种模式。

钢轮钢轨制式车辆的车内空间大,能适应中大运量的旅客需求。钢轮钢轨制式一般采用独立路权和地下线路,节约土地,对周边的干扰少,且运行阻力低节约能源。与胶轮路轨制式相比,钢轮钢轨的线路适应性较差,选线要求高,振动噪声也略大,但是,其具有成熟的标准及规范,相关技术应用广,市场普及率极高。以中国城市轨道交通系统为例,目前已经建成的钢轮钢轨制式的线路超过了 10 000 km。

但是在机场 APM 领域钢轮钢轨制式的应用较少,比较典型的案例有北京首都国际机场陆侧 APM 系统、纽约肯尼迪国际机场陆侧 APM 系统,二者都采用了庞巴迪 Advance Rapid Transit(ART)System 的时速 140 km 的 MK Ⅱ 型直线电机车辆。另一个案例是上海浦东国际机场捷运系统,采用了中国地铁 A 型地铁车辆,时速 80 km,4 节编组。图 2.3、图 2.4 是两个钢轮钢轨制式机场 APM 车辆示例。

图 2.3　纽约肯尼迪国际机场
Bombardier ART MK Ⅱ 车辆

图 2.4　上海浦东国际机场 A 型地铁车辆

3. 单轨车辆

单轨制式是一种车辆与特制轨道梁组合成一体运行的中等运量轨道运输模式,其轨道梁不仅是车辆的承重结构,同时也是车辆运行的导向轨道。单轨系统的类型主要有两种:一种是车辆跨骑在单跟梁上运行的方式,称之为跨座式单轨系统,另一种是车辆悬挂在单根梁上运行的方式,称之为悬挂式单轨系统。单轨系统适用于单向高峰小时最大断面客流量 1 万 ~ 3 万人次的交通走廊。单轨制式所占用空间的宽度主要是由车辆的宽度所决定的,系统多为高架线路,地面只需建造桥墩,因此节约土地,占地面积小。系统采用胶轮在轨道上走行并且安装有专门的导向轮,因而有较好的线路适应性,车辆爬坡能力强,拐弯半径小,一般正线最大坡度可达 60‰,最小曲线半径 100 m,适合复杂地形。跨座式单轨安装有额外的稳定轮,实现了车辆对轨道的包裹,因此不易脱轨。总的来说,单轨制式造价和维修价格相对较低,占地面积很少,亦不大影响视线,能有效利用道路中央隔离带,同时与其他交通方式完全隔离,运行安全可靠,因此适应性较强。

单轨制式的主要缺点有以下几个方面:

①需要建设专用轨道,如果出现紧急情况,在高架线路上的乘客逃生比较复杂;

②跨座式单轨的道岔结构复杂,因而限制了列车的小行车时距(列车运行间隔);

③走行轮胎和轨道梁之间的摩擦系数较大,因而能源消耗较大;

④除日本外,其他国家和地区没有统一的技术标准;

⑤单轨制式的速度及载客量通常偏小。

图 2.5、图 2.6 是两个单轨制式 APM 系统车辆。

图 2.5　纽瓦克自由国际机场
Bombardier Ⅲa 车辆

图 2.6　杜塞尔多夫机场
Siemens H-Bahn 车辆

4. 缆索动力轨道车辆

缆索动力轨道车辆是指通过轮盘机以一定速度连续传动的缆索拖曳轨道车辆,实现运输旅客的一种大规模旅客传输系统。车辆的起动和停止都可以通过拖曳和松开缆索来实现。缆索动力车辆分悬浮制式与车轮制式两类。悬浮制式又有两类:磁悬浮和气悬浮,前者利用电磁作用悬浮,后者利用空气(气垫)悬浮。目前在机场 APM 领域气悬浮较为常见。气悬浮车辆(列车)依靠向轨道喷射压缩空气而使自身悬浮起来,像气垫船一样。车轮制式则与常规轨道车辆类似,采用车轮支撑车体。缆索动力轨道车辆的特征就是以缆索为动力源。可以通过手动或装置自动将线缆动力施加到车辆上,缆索动力轨道交通系统原理如图 2.7 所示。

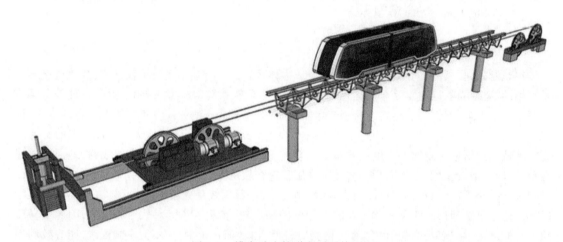

图 2.7　缆索动力轨道交通系统原理

气悬浮车辆的走行部上安装有鼓风机,向混凝土轨道表面喷出具有一定气压的气体,使车辆和轨道的"飞行"表面被气隙隔开,因此运行的摩擦阻力极小。由于轨道的"飞行"表面的粗糙度会影响气隙的稳定并可能导致车辆底部与轨道的接触磨损,因此需要保持一定的光滑度,定期进行特殊的光滑处理和维护。气悬浮车辆侧向喷出的气膜可用于对车辆进行导向,也可以采用电磁方式或专门的导向轮进行导向。气悬浮车辆具有如下特点:

①结构简单。与磁悬浮车辆相比,气悬浮车辆的悬浮走行机构,即气浮架结构简单得多,只需要安装空气压缩机、喷气机构以及其他辅助设备即可,因此只占用较少的空间,可以腾出更多的车内空间用以安装座椅、承载乘客。

②成本低廉。由于气浮架结构简单,对线路也没有特殊的要求,因而造价低,成本接近普通铁路。

③运行安全。气浮架的结构设计使其运行十分安全,不易出现脱轨事故。

④污染小。气悬浮制式的工作介质是空气,吸入空气再排出空气,没有电磁污染。

车轮制式的走行部由橡胶轮胎或钢轮支撑,走行部与车体之间通过空气弹簧悬挂装置减振。走行部的底部装有导向轮,与导向轨配合提供导向力。车轮一般采用充气式胶轮,能很好地减振,同时爬坡能力强,适合弯道和坡度大的环境。车轮制式的运行阻力要高于悬浮制式,但技术更为成熟可靠。图 2.8、图 2.9 分别是车轮制式和气悬浮制式的缆索动力 APM 车辆。

图 2.8　英国伯明翰机场
Doppelmayr Cable Liner Shuttle

图 2.9　美国北肯塔基国际机场
Poma-Otis Hovair

5. 磁悬浮车辆

磁悬浮车辆利用电磁相互作用悬浮(支撑)车辆,并采用直线电机驱动。电磁磁悬浮系统使用永磁铁或电磁铁,列车运行时车辆与轨道之间维持一个相对较小的间隙。磁悬浮车辆有高速(350 km/h)和低速(50~200 km/h)之分,只有低速磁悬浮适用于机场 APM。英国伯明翰机场最初建设的陆侧 APM 系统就是一个磁悬浮系统。图 2.10 是我国长沙市机场线(即陆侧 APM)的磁悬浮车辆。

图 2.10　长沙市机场线磁悬浮车辆

2.2.3　轨道及车轨接口

1. 轨道

线路是 APM 系统的基础之一,线路的主体是轨道。轨道由导轨及其支撑结构构成,导轨可以是钢制或混凝土结构。支撑结构则更加多元,包括整体道床(用于钢轮钢轨制式)、带有桥墩的钢筋混凝土基础结构等(见图 2.11 和图 2.12)。单轨制式(包括跨座式和悬挂式)的走行轨与导向轨是同一导轨(见图 2.13 和图 2.14),设计有走行表面和导向表面,分别用于支撑走行轮和引导导向轮。胶轮路轨制式的走行轨和导向轨则通常分开。APM 系统的轨道可以直接铺设在地面,也可以铺设在高架桥或地下隧道内。对于高架轨道,其桥墩结构及其跨度尺寸随列车荷载和不同的抗震要求而存在很大的差异。跨度尺寸通常在 15~40 m 之间。

图 2.11　高架桥上的钢轮钢轨制式轨道

图 2.12　隧道内的钢轮钢轨制式轨道

图 2.13　跨座式单轨制式轨道

图 2.14　悬挂式单轨制式轨道

　　APM 系统供应商提供的轨道设备通常包括导轨及其支撑结构(见图 2.15)、导轨走行表面、动力轨系统、轨道及导轨加热系统、轨旁自动列车保护(Automatic Train Protection, ATP)系统、轨旁信号(或天线)系统等。对于采用直线感应电机进行推进的技术,轨道设备还包括反应轨(见图 2.16)。

图 2.15　胶轮路轨制式轨道

图 2.16　钢轮钢轨制式轨道(直线电机驱动)

　　有时需要沿轨道设置紧急通道、紧急出口,以便列车出现故障时可及时疏散旅客。紧急通道、紧急出口通常与车辆的地板高度相当,提供通往车站或其他避难场所或逃生的通畅出口通道。图 2.17 显示了拉斯维加斯麦卡伦机场高架空侧 APM 系统与轨道相邻的紧急通道。还有一些 APM 系统的列车头车前部和尾车后部设有紧急疏散门(见图 2.18),允许乘客从紧急疏散门撤出并沿着位于两条导轨之间的紧急通道到达安全地点。

图 2.17　与轨道相邻的紧急通道

图 2.18　紧急疏散门

各类道岔设备是 APM 系统轨道的重要组成部分,通常也是由轨道供应商提供。各种制式 APM 系统的道岔的结构和作用原理有很大的不同。最常见的是开关式道岔,能够实现列车在两条平行轨道之间切换,或在系统上的不同路线之间切换。钢轮钢轨制式的单开道岔(见图 2.19)、胶轮路轨制式的枢轴道岔(见图 2.20)、跨座式单轨制式的关节可挠道岔和关节道岔(见图 2.21 和图 2.22)等都属于开关式道岔。

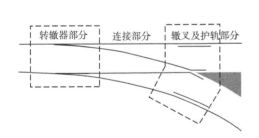

图 2.19　钢轮钢轨制式的单开道岔

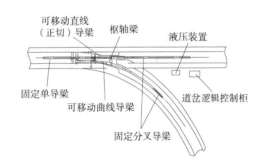

图 2.20　胶轮路轨制式的枢轴道岔

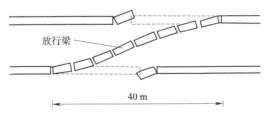

图 2.21　跨座式单轨制式的关节可挠道岔

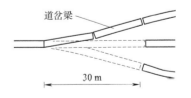

图 2.22　跨座式单轨制式的关节道岔

胶轮路轨制式 APM 系统还有一种回转式道岔,可以使列车顺利通过两条线路的交叉点。图 2.23 是胶轮路轨制式的回转式道岔的示意图。通常不同 APM 系统供应商提供的道岔产品的结构和工作原理相差很大,几何尺寸和技术规格很难兼容。

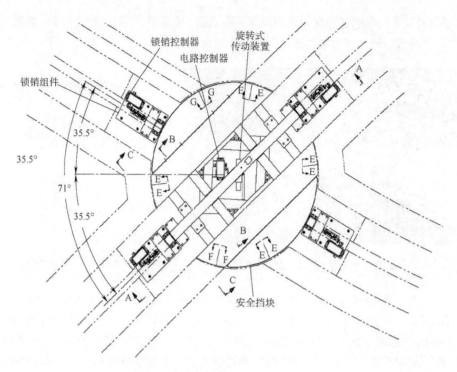

图 2.23　胶轮路轨制式的回转式道岔

2. 车轨接口

轨道车辆是通过走行部与轨道之间的相互作用获取垂向支撑、导向力以及驱动力(绳索动力系统的绳索也可看作是轨道的一部分)的,因此走行部与轨道之间接口的物理结构对于列车的正常运营,保证系统可靠性、可用性起着重要的作用。不同技术制式的车轨接口形式差异巨大,作用原理各不相同。图 2.24、图 2.25 分别是地铁系统和直线电机运载系统的车轨接口,二者都是通过钢轮与钢轨的接触实现对车辆的垂向支撑。地铁系统通过旋转电机驱动轮对得到牵引力。直线电机运载系统的车轨接口比地铁系统多了用于牵引的车载直线电机定子和铺设于轨道上的直线电机感应板,定子与感应板之间的相互电磁作用可以产生牵引力。二者的导向功能都是通过车轮轮缘与钢轨内侧的相互作用来实现。

图 2.24　地铁系统钢轮钢轨制式车轨接口

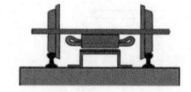

图 2.25　直线电机运载系统的车轨接口

图 2.26 是常见的有轨电车轨道断面,与普通地铁系统轨道不同的是,其钢轨是嵌入路面的,并且为了保证轮缘导向功能的正常发挥,轨头部位开有专门的凹槽以容纳轮缘。

图 2.27(a)是安装有非接触式供电系统的轨道断面。非接触式供电系统是目前城市轨道交通供电领域内的研究热点之一,有利于解决在混合道路上运行的有轨电车的触电安全问题。法国

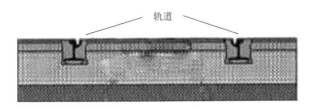

图 2.26 有轨电车轨道断面

波尔多有轨电车采用了这种供电模式,如图 2.27(b)所示。

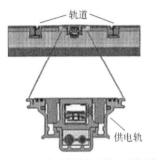

(a)安装有非接触式供电系统的轨道断面   (b)法国波尔多有轨电车

图 2.27 非接触式供电网系统

单轨系统分为跨座式单轨和悬挂式单轨两类制式,其列车的走行原理与钢轮钢轨系统完全不同。车辆走行部上通常安装有三种车轮:走行轮、导向轮和稳定轮(悬挂式单轨没有稳定轮)。这些车轮通常是橡胶轮胎车轮(见图 2.28)。在跨座式单轨列车运行过程中,走行轮始终与轨道梁顶面接触,轮胎的弹性主要缓冲车辆竖向振动;导向轮和稳定轮则起到缓冲车辆横向振动的作用。在平衡位置导向轮和稳定轮以有效半径滚动;当走行部发生横向位移(横移、侧滚、摇头)时,导向轮和稳定轮随之产生偏移,轮胎会受到轨道梁侧面的径向压力,这种压力能迫使走行部回到平衡位置。

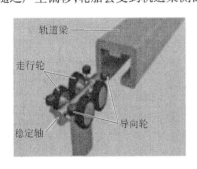

图 2.28 单轨系统的车/轨接口

胶轮路轨系统的车/轨接口分为中央导向和两侧导向两类,其车辆走行部根据需要安装有走行轮、导向轮、转向轮等。与单轨系统类似,在列车运行过程中,走行轮始终与轨道梁顶面接触,轮胎的弹性主要缓冲车辆竖向振动;导向轮则起到缓冲车辆横向振动的作用;转向轮具有辅助列车直行和转向的功能,车辆转弯时,每个走行部的单侧转向轮被引入相应的转向轨中,实现列车的直行或转向。

图 2.29 是庞巴迪 APM 300 系统的走行部和车/轨关系示意图,其导向轨和导向轮均位于走行轮行走平面以上。而新一代庞巴迪 APM 300 的走行部又改进为通过导向轮横抱 H 型钢制导向轨来实现导向,有利于降低车辆重心,提升抗侧倾能力和曲线通过能力。

图 2.29　庞巴迪 APM 300 系统的走行部和车/轨关系示意图

图 2.30 是德国西门子 NeoVAL 的 Cityval 系统走行部和车/轨关系示意图。尽管导向系统同样是中央导向方式,但其两对导向轮成 90°角(V 形)布置,在弹簧力作用下与中央导向轨压合,可以有效减少垂直方向的负载,导向轨上方有两个面接触导向轮,导向轮缘嵌入中间导向轨能够保证导向轮永久与导向轨压合。此外,导向系统的工作状态由自动列车控制(Automatic Train Control,ATC)监控,能够根据车辆前进方向自动控制导向装置前后端导向轮的工作状态。

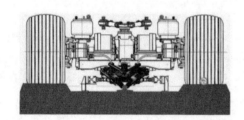

图 2.30　西门子 Cityval 系统的走行部和车/轨关系示意图

两侧导向方式则以日本 AGT 技术为代表。1983 年日本 AGT 系统统一标准后,导向方式以侧导向为主,其两侧导向的走行部主要有 4 导向轮式(橡胶轮)、2 轴 4 轮式和 4 导向轮式(聚氨酯橡胶轮)三种形式,如图 2.31 所示。

(a)4 导向轮式(橡胶轮)　　　　(b)2 轴 4 轮式　　　　(c)4 导向轮式(聚氨酯橡胶轮)

图 2.31　日本 AGT 两侧导向技术

图 2.32 是日本三菱重工为新加坡樟宜机场提供的空侧 APM 系统的车/轨接口关系示意图。这是一种 2 轴 4 轮式走行部导向装置,设置在驱动轴单侧(单车对称布置于两端),每个走行部设

置两个导向轮和两个转向轮,导向轮与转向轮同轴上下布置(上轮为导向轮、下轮为转向轮),可通过检测导向轮相对于轨道的横向位移使转向机构转向,以实现车辆转向;当车辆换向行驶时,前后走行部导向轮的转向机构相位反转。

中低速磁悬浮系统的车/轨接口见图 2.33。F 型钢轨铺设于线路两侧,带有常导线圈的电磁铁相应地位于车辆的两侧,电磁铁与 F 型钢轨经过两个 8 ~ 10 mm 气隙,形成闭合磁路。当线圈中通过直流电流时产生磁通沿上述磁路闭合,从而在两个气隙中产生磁吸力,吸力与车辆重力平衡时就可使车辆悬浮起来。导向力也是由同一闭合磁路产生。垂直悬浮力和导向力是合二为一的,导向力产生的原理是图中气隙内磁通产生的电磁力的横向分力力图保持上下两个铁芯的对中位置,即磁阻最小的位置。在通过曲线时,离心力的作用使车辆横向移动,气隙内磁力线受到扭曲就会形成横向电磁分力。只要设计适当,导向力就可以与列车离心力平衡,引导列车顺利通过曲线。

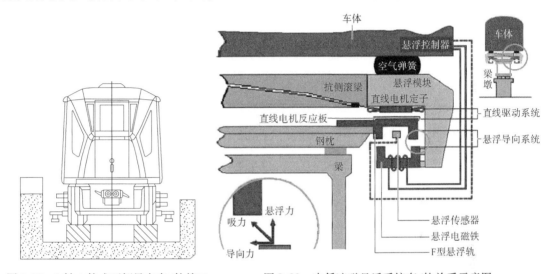

图 2.32　2 轴 4 轮式两侧导向车/轨接口　　　　图 2.33　中低速磁悬浮系统车/轨关系示意图

2.3　电力牵引和设备供电系统

机场 APM 系统的列车牵引以及其他系统设备的运行都需要电力,这些电力通常由沿线路间隔分布的供电站提供。变电站内置变压器、整流器(如果需要)以及各种一级和二级的开关设备和功率调节设备。多数机场 APM 系统采用三相交流供电制式,部分采用直流供电制式。这是因为机场 APM 系统线路运行距离短、载客量小,相比其他类型的轨道交通系统对供电质量要求不太严格,供电电压不需要太高。交流系统变电站之间的距离一般限制在 600 m 左右,而直流系统的距离通常限制在 1 600 m。电力来源可直接取自当地城市电网,并且经过相对简单的变压之后输送给车辆,对当地电网的影响不大。

由于各国电网规格以及建设年代的差异,世界各国大型枢纽机场 APM 的供电电压等级有多种,例如,AC 480 V 和 600 V、DC 750 V 和 1 500 V,目前常采用 AC 600 V 和 DC 750 V。国内北京首都国际机场和广州珠江新城 APM 系统采用的供电制式为 AC 600 V,上海浦江线 APM 系统采用的供电制式为 DC 750 V。

2.3.1 供电方式

1. 集中式供电

沿 APM 线路,根据用电量和线路的长短,建设 APM 专用主变电所。主变电所应有两路独立的 110 kV 电源,再由主变电所变压为 APM 系统内部供电系统所需的电压级(35 kV 或 10 kV 等)。由主变电所构成的供电方案称为集中式供电,如图 2.34 所示。

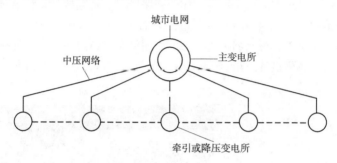

图 2.34   集中式供电方式结构图

2. 分散式供电

根据 APM 供电系统的需要,在 APM 沿线直接由城市电网引入多路电源(电源电压等级一般为 10 kV)供给各牵引或降压变电所,这种方式称为分散式供电。分散式供电应保证每座牵引变电所和降压变电所能获得双路电源,如图 2.35 所示。

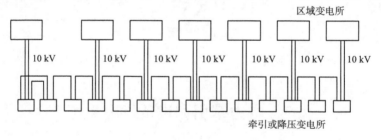

图 2.35   分散供电方式结构图

3. 混合式供电

混合式供电即前两种供电方式的结合,以集中式供电为主、个别地段引入城市电网电源作为集中式供电的补充,使供电系统更加完善和可靠。当采用集中供电方式时,设主变电所,需从城市电网中引入两路可靠电源(一般为 110 kV 或 35 kV 电压等级);当采用分散供电方式时,不设主变电所,各牵引变电所、降压变电所分别由 APM 系统沿线电网就近接引两路相互独立的 35 kV 或 10 kV 电源供电。

2.3.2 变电所

1. 主变电所

对于集中式外部电源方案,应建设 APM 系统用主变电站。APM 系统主变电站的功能是接受城市高压电源,经降压后为牵引变电所、降压变电所提供中压电源。主变电所电气主接线,可以从高压侧和中压侧两个方面来描述。高压侧主接线主要有线路-变压器组、内桥形、外桥形三种接线方式;中压侧一般采用单母线分段接线,并设置母线分段开关。

2. 牵引变电所

牵引供电系统由两部分构成:牵引变电所和牵引网。牵引变电所是牵引供电系统的核心,其选址、容量及数量均取决于系统的电力需求分析,为减少电压损失,牵引变电所应建立在沿 APM 线路较近的位置。

牵引变电所主要功能是将电力系统引入的交流电,经降压或整流转变为适合 APM 车辆使用的电能。与城市轨道交通和电气化铁路不同,APM 牵引供电系统多数采用三相交流供电制式,部分采用直流供电制式。这是因为 APM 线路运行距离短、载客量小,相比地铁系统对供电质量要求不太严格,供电电压不需要太高。另外,由于 APM 供电线路都处在建筑群之间,供电电压不宜太高,以确保安全。供电电源可直接取自当地城市电网,并且经过相对简单的变压之后输送给车辆,对当地电网的质量影响不大。

2.3.3　直流与交流供电的比较

1. 变电所三相交流供电的优缺点

(1)不需要整流设备,建设投资较小,变电所占地面积比较小。

(2)交流系统中性点大电阻接地方式能保证出现单相接地的时候能在一定时间内(APM 系统通常设计为一小时)继续维持供电系统运行,保障运营列车的正常行驶,提高了系统运行的可靠性。

(3)三相交流制是三相对称供电,不仅不会影响电力系统的三相对称性,而且也能削弱电压变化中形成的三的倍数次谐波,能将无功功率、通信干扰减到最小,同时牵引变电所和车载电气系统的结构也都相对简化。

(4)采用三相交流供电系统,设置的牵引供电上网点多,系统复杂。由于牵引电压等级低,交流输电会使线路产生较大的压降,所以变电所之间距离较小。但是可在接触轨供电分区内设置多处上网点,减少压降对牵引供电系统的影响。

2. 直流供电的优缺点

(1)直流变电站设备投资比较大,对设备安装空间和维护要求要高,保护设置比较复杂。

(2)直流接地电流大,需要电流测试设备及制定防腐措施,交流系统则不需要。

(3)直流供电没有电抗压降,变电所之间距离可以更远,传输的距离也更远。

(4)能提供稳定的列车牵引电源,受电压波动影响小。

2.3.4　牵引供电系统的供电方式

1. 环形供电

如图 2.36 所示,两个及以上主变电所向所有的牵引变电所和降压变电所供电,相互构成一个环形。环形供电是很可靠的供电线路。在这种情况下,一路输电线和一主变电所同时停止工作时,只要其母线仍保持供电,就不会中断任何一个牵引变电所的正常供电,但投资较大。

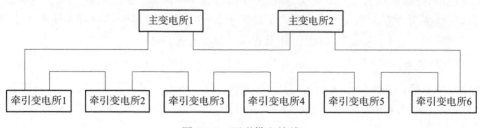

图 2.36   环形供电接线

2. 双边供电

如图 2.37 所示,主变电所向沿线牵引变电所供电,为了增加供电的可靠性,用双路输电线供电。这种接线方式的供电可靠性稍低于环形供电。但当一个主变电所出现故障时,供电区域内的沿线牵引变电所和降压变电所仍能正常工作。

图 2.37   双边供电接线

3. 单边供电

如图 2.38 所示,当轨道线路沿线附近只有一侧有电源时,常采用单边供电。单边供电较环形供电和双边供电的可靠性差,为了提高可靠性,应用双回路输电线供电。单边供电设备较少,投资也少些。

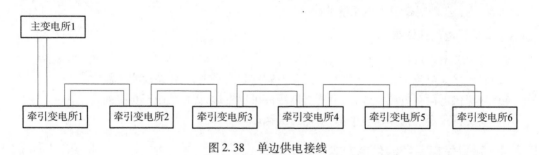

图 2.38   单边供电接线

4. 辐射形供电

如图 2.39 所示,每个牵引变电所用两路独立输电线与主变电所连接,这适合于轨道线路成弧形的情况,但当主变电所停电时,全线停电。辐射形供电接线从供电可靠性的角度出发,一般采用两种方式:一是采用双电源或多电源,环形和双边供电就是采用这种方式;二是采用双路输电线路,防止因输电线路故障而引起用户的供电中断。

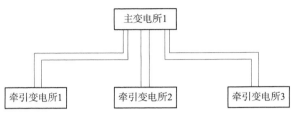

图 2.39　辐射形供电接线

2.3.5　牵引供电系统的运行方式

牵引供电系统的运行方式有两种,即正常运行方式和任一牵引变电所解列时的运行方式,如图 2.40 与图 2.41 所示。

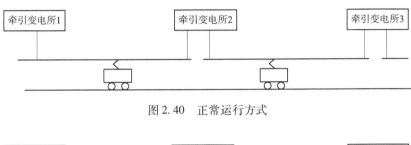

图 2.40　正常运行方式

图 2.41　任一牵引变电所解列运行方式

1. 正常运行方式

正线各供电区间均由相邻牵引变电所双边供电;车辆段内接触网由车辆段牵引变电所供电;停车场内接触网由停车场牵引变电所供电。

2. 任一牵引变电所解列时的运行方式

当任一牵引变电所解列(不含线路端头牵引变电所)时,由相邻变电所越区"大双边"供电(见图 2.41)。

当正线线路端头的牵引变电所解列时,则由相邻的牵引变电所单边供电。

车辆段或停车场牵引变电所解列时,由正线牵引变电所通过合上正线与车辆段或停车场牵引网分段隔离开关向车辆段或停车场供电,而车辆段或停车场牵引变电所不承担向正线支援的任务。

2.3.6　牵引网

牵引网是沿 APM 线路敷设的专为 APM 列车供给电能的装置。如前所述,目前机场使用的 APM 系统一般分为两类:自身动力牵引式 APM 系统和缆索牵引式 APM 系统。即驱动方式也有两种:一种是接触轨(第三轨)供电,一种是缆绳驱动供电。

1. 接触轨供电

自身动力驱动式 APM 系统使用电力牵引电机(交流或直流),牵引网为三相 AC 480 V 和 AC 600 V、DC 750 V 接触轨(第三轨)。当 APM 系统采用三相交流供电方式时,牵引网即为 ABC 三相接触轨,车辆从接触轨上获得三相交流电,无须接地轨回流;当 APM 系统采用直流供电方式时,牵引网包括供电轨(第三轨)和接地轨,车辆从供电轨上取直流电,经接地轨回流至牵引变电所。首都北京国际机场和广州珠江新城 APM 系统均采用三相 AC 600 V 接触轨供电,上海浦江线 APM 系统采用 DC 750 V 接触轨供电。

自身动力牵引式 APM 系统的导轨长度没有限制,在远距离范围内有较优异的性能,并且其容量和在机场内的扩展相对容易。世界上已投入使用的 APM 系统大多数是自身动力驱动式 APM 系统。

自身动力驱动式 APM 系统通常在双车道上行驶,因为这种布局能够使其以高频率的服务、较大的容量和极高的可靠度运行。它们能够以往返穿梭的方式运行,或在"缩环(Pinched Loop)"上行驶,而后者可以允许超过两列的 APM 车辆在两条导轨上运行。穿梭式 APM 系统在短距离内,即不大于 1 250 m 的范围内表现良好。缩环式 APM 系统在长距离内,即不大于 4 400 m 的范围内更具优势,不过这种构型的造价更加昂贵,因为它要求精确地控制以避免碰撞。

APM 系统采用水泥走行面,两条水泥路面中间有受电的接触轨。APM 接触轨有别于其他线路的接触轨,其他线路接触轨只有一根轨组成,但它是由五条钢铝复合轨组合形式安装,三根为 ABC 三相交流牵引轨(供电),一条为信号轨,一条为接地轨,如图 2.42 所示。接触轨下方有工字型的钢梁,车体下方有两排轮子卡在工字型钢梁的两边,起导向作用。

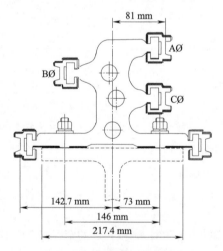

图 2.42　接触轨道断面图

2. 缆绳驱动供电

缆索牵引式 APM 系统的推动力由缆索提供,通常使用钢丝绳或绳子,沿导轨方向牵引车辆。缆绳是由固定在导轨上的控制设备(电机)推动的,位于旅客航站楼内。供电系统通常为三相 AC 480 V。

在可拆卸式夹紧机构出现之前,缆索牵引式 APM 系统通常被限制在短距离内提供穿梭式运输服务,比如在成田国际机场和辛辛那提国际机场。并且它们仅限于作穿梭式运行,因为每一台车辆都系着缆索,不能穿越到另外的平行导轨上。同时,由于缆索牵引式 APM 系统的速度较慢,所以它们的容量也易受到限制。因此,缆索牵引式 APM 系统不适合在多个站台、大容量或运行距离超过 2.2 km 的情形下使用。

但缆索牵引式 APM 系统通常运行成本较低,运行控制也较为容易。缆索牵引式 APM 系统的平均运行成本比自身动力驱动式系统低 10%。如果机场没有扩建的可能,那么成本相对较低的缆索驱动式 APM 系统将具备良好的使用前景。

在 APM 系统中车辆及轨道占地面积小,同时无须大量基础建设及用地拆迁,其建设成本为地铁的 30% 以下。在发生单相接地的情况下,整个牵引系统依然能够运行。APM 供电系统的保护系统设计为单相接地时,系统发出报警,但牵引供电系统仍可持续运行,提高了供电系统的稳定性。

2.3.7　动力与照明供电系统

APM 系统除了电动车辆外,其他所有交流低压负荷都由动力与照明供电系统供电。动力与照明管道系统由两部分组成:降压变电所和动力照明。

1. 降压变电所

每个车站都应设降压变电所承担本站及区间动力照明负荷。若地下车站负荷较大,一般于站台两端设降压变电所,各负责半个车站和相邻半个区间的供电。其中一端可以和牵引变电所合建为混合变电所;若地面车站负荷较小,可设一个降压变电所。

降压变电所的两路电源可以来自主变电所,也可来自相邻牵引变电所。单母线分段,根据系统需要,也可以不设分段开关。

降压变电所所设的两台电力变压器,其容量应该满足:正常运行时,两台变压器分列运行,同时供电,负荷率不超过 70%。当其中一台变压器发生故障解列时,自动切除三类负荷,另一台变压器可承担该所供电范围内的全部一、二级负荷,以保证机场 APM 系统的正常运行。

2. 动力照明

动力照明系统采用 380 V/220 V 三相五线制系统(TN-S 系统)配电。基本上采用放射式供电,个别负荷可采用树干式供电。一类负荷要求双电源、双电缆,供电末端自动切换,来电自复;二类负荷为双电源、单电缆;三类负荷为单电源、单电缆。

2.4　行车指挥系统、控制和通信系统

2.4.1　行车指挥系统、控制和通信系统中心概述

机场 APM 系统的行车指挥系统、控制和通信系统中心的主要组成部分是由中央控制设施监控和监督的通信网络。该网络通常包括电台公共广播系统、运营和管理无线电系统、紧急电话和闭路电视。每个机场 APM 系统供应商根据业主不同要求提供不同制式的自动列车控制(ATC)设备。其中,中央控制监控是控制系统的焦点,根据业务量大小和复杂程度的不同,中央控制监控室有大有小,小的监控室仅有一个或两个调度员以及较少数量的计算机,大的监控室则有多个调度员和主管职员以及大量的监控屏幕和其他信息设备。图 2.43 是行车指挥系统、控制和通信系统中心结构示意简图。

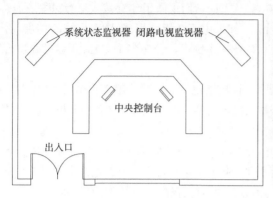

图 2.43 行车指挥系统、控制和通信系统中心结构示意简图

2.4.2 列车全自动运行原理

APM 系统列车由远端中央控制室的操作员进行控制和监视,自身实现全自动化无人驾驶,因此所有机场 APM 系统都包括用于操作无人驾驶车辆(列车)的行车指挥、控制和通信设备。行车指挥、控制功能由自动列车保护(ATP),自动列车运行(Automatic Train Operation,ATO)和自动列车监控(Automatic Train Supervision,ATS)设备构成。ATC 车载与轨旁设备之间的车地无线网络,要能够进行稳定、实时、双向、高容量、冗余的通信,而且车地无线网络应能够传输 ATC 设备之间的安全信息。ATP 设备的功能是确保绝对执行安全标准和限制。ATO 设备在 ATP 所施加的安全约束范围内执行基本的操作功能。ATS 设备通过中央控制计算机提供自动系统监控,并允许中央控制操作员使用控制界面进行手动干预/覆盖。

列车完全由信号系统根据运行图时刻表控制列车运行,信号系统采用可靠性高、安全性高的冗余设计。对于其设备的稳定性、设备的安装工艺等也有较高的要求,需要满足列车精确定位、列车运行控制命令实时传输的要求。

图 2.44 是行车指挥与控制的传输路径示意图。

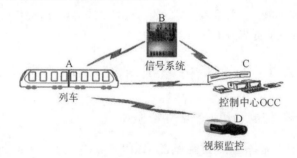

图 2.44 行车指挥与控制的传输路径示意图

运营控制中心(Operating Control Center,OCC)是列车全制动运行的核心。OCC 控制车载列车自动控制(ATC)设备,通过多功能车辆总线(Multifunction Vehicle Bus,MVB)传输到列车控制管理系统(Train Control and Management System,TCMS)、逆变器控制单元(Inverter Control Unit,ICU)、制动控制单元(Brake Control Unit,BCU),如图 2.45 所示。

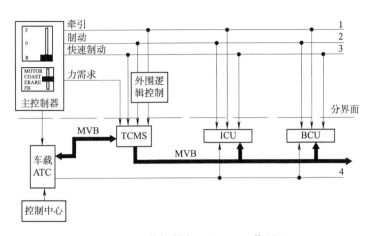

图 2.45　运营控制中心(OCC)工作原理

2.4.3　列车全自动运行控制过程

每天运营前或有列车插入时,信号系统根据列车运行时刻表给每列车自动分配识别号。列车发车前 OCC 自动给列车发送唤醒指令,收到唤醒指令后列车车载各子系统执行启动、自检和静态测试等程序,如图 2.46 所示。

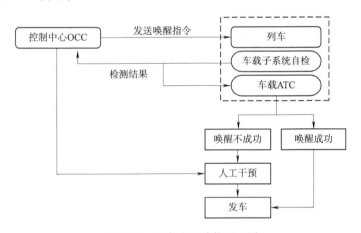

图 2.46　列车唤醒功能原理图

自动折返时,列车根据信号系统的移动授权自动确定运行方向,同时自动激活/关闭相对应侧的司机室,实现两驾驶室的转换。列车运行服务结束后进入停车场或正线存车线停放,在列车停稳后,系统自动启动休眠程序。列车在休眠前,信号系统会给地面列车维护系统发送是否需要下载列车维护信息的提示。

行车指挥、控制系统具备车门/屏蔽门故障应对处理功能,若个别车门/屏蔽门(Platform Screen Door,PSD)出现故障,需人为将故障车门/屏蔽门关闭并锁定。系统向信号系统 ATC 报告因故障被锁定的车门/屏蔽门的位置(包括站台号或门编号)。在列车到达该站台前,信号系统 ATC 将故障车门/屏蔽门位置发送给列车,列车自动对对应车门进行电气隔离,使此车门在列车停靠该站时不参与开关门动作(见图 2.47)。若因车轮与轨道之间因粘着下降导致停站距离加大或不准,需要信号系统 ATC 重新进行调整停车,比如未到停车点区域,列车采取缓慢跳跃式调整直至对准停车点;若列车越过了停车点区域,也可采取缓慢跳跃式调整退行,直至对准停车点。

列车客室车门故障时的控制策略与此相同。

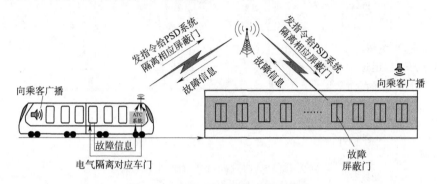

图 2.47　车门/屏蔽门故障控制策略

2.4.4　多媒体数据传输过程

通信与广播以及视频等多媒体的数据传输对于保障列车正常运营和行车安全至关重要。数据传输过程如图 2.48 所示。

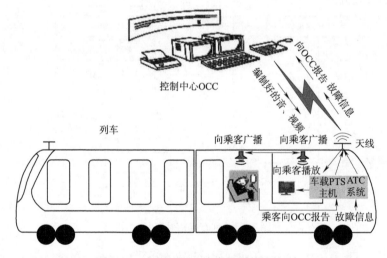

图 2.48　广播/视频/故障数据传输策略

广播以及视频采用计划好的内容进行全自动播放。同时 OCC 也可进行人工广播和紧急广播。客室内设置紧急对讲装置,允许乘客请求与 OCC 进行实时通信。每节车厢内设置若干个摄像头,监视客室内情况;头/尾车司机室外或司机室面罩内也设有摄像头,监视车厢外情况,为紧急疏散或列车故障提供影像资料。这些影像将通过专用无线通道发送给 OCC(或备用 OCC)。视频监控系统与车门紧急解锁装置、乘客紧急报警装置、火灾报警系统联动。一旦出现突发状况,视频监控系统自动将影像切换至 OCC(或备用 OCC),为乘客和 OCC 工作人员提供即时的现场信息,以便开展相关应急处置工作。

列车故障数据的传输策略与此相同。列车将相关状态、故障等信息实时传输给 OCC,以便 OCC 了解列车信息,为列车排查故障及应急反应提供依据。

2.5　车　站

车站是 APM 系统路网中一种重要的建筑物,它是供旅客乘降、换乘和候车的场所,应保证旅客使用方便、安全,迅速地进出车站,并有良好的通风、照明、卫生、防火设备等,给旅客提供舒适、清洁环境。APM 系统的车站沿线路分布,为乘客提供系统与乘客之间的接口。实现上述功能车站设置有多种设备,这些设备通常由 APM 系统供应商提供,包括站台、站台屏蔽门、乘客信息系统、综合监控系统、中央空调、通风系统等。用来容纳这些设备的车站设备室是车站最重要的建筑之一。

1. 站台

站台是为了方便乘客进入列车的一段与列车车门踏步平行的平台,是 APM 系统正常运输组织顺利进行的基础,直接为乘客上下车服务、供列车停靠。站台容量主要取决于站台的有效长度和宽度。机场 APM 车站容量通常会按照机场远期建设的最大客流需求设计和建造。其原因在于站台扩建很困难且成本高昂。站台容量主要取决于站台的有效长度和宽度。有效长度的确定主要考虑列车长度,即站台要能够容得下最长编组列车的停靠。在有效长度确定的情况下,站台宽度与有效长度决定了车站的总容量。站台宽度的确定主要考虑高峰流量,并与站台屏蔽门、自动扶梯、电梯等的最大流量相匹配,并且还要考虑乘客排队所占用的空间及合理的空间比例(美学)等其他需要考虑的问题。

按照布置形式的不同,站台一般可分为岛式、侧式和岛侧混合式三种。

1)岛式站台

岛式站台,又名中置式站台、中央站台,为路轨在两旁,站台被夹在中间的设计。岛式站台是常用的一种站台形式,具有站台面积利用率高、能调剂客流、乘客中途改变乘车方向方便、管理集中、站台空间宽阔等优点;与站台相关的设备(如垂直电梯、自动扶梯等)只需购置一组,可降低投资及营运成本;可以衍生出同站台平行转乘的设计,从而大幅节省通勤时换车旅客的转乘时间和徒步距离,提升系统运作的效率。由于站台面积受轨道限制,不易扩建,所以只适用于客流较小的车站,对机场 APM 系统运行模式而言,岛式站台最适合于双线-双列车穿梭运行模式的旁路区域,当然也可用于双线(带旁路)四列列车穿梭运行,双线多列车循环运行,双环线多列车运行以及一些其他运行网络配置模式。由于被两侧路轨包围,岛式站台通常配置横跨轨道上方的天桥或穿越轨道下方的地下通道以方便乘客流动。位于整条 APM 线路末端的岛式站台,配置各种穿梭运行模式或双线多列车循环运行模式回路末端的岛式车站,乘客可以从轨道末端流动,可以不配置天桥或地下通道。

岛式站台平面图和横断面图如图 2.49 和图 2.50 所示。

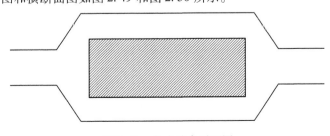

图 2.49　岛式站台平面图

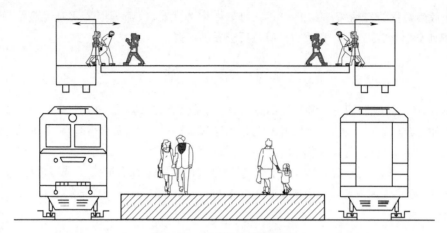

图 2.50　岛式站台横断面图

2) 侧式站台

侧式站台是位于一条轨道线路侧边的站台,又称岸式站台,即站台没有被两条轨道包围。侧式站台只能服务于一条轨道线路上的列车,上车客流与下车客流混在一起,以交叉流动的方式进行上下车作业。侧式站台的优点是乘客不用跨越轨道,不需要建设成本高昂的天桥或地下通道;面积不受轨道的限制,因此只要周边环境许可,站台无须更动现有轨道就可扩建。但是,侧式站台的乘客上下车效率偏低,影响 APM 系统的服务水平,也导致列车在车站的停留时间增加。解决的办法之一是在轨道两侧设置双站台,分别承担上车和下车的功能,可以大幅度提高乘客上下车效率,减少列车停靠时间。缺点是车站成本增加并需要占用更多的物理空间。侧式站台(包括单侧和双侧)是唯一可用于穿梭运行(包括单线和双线)模式的车站类型。

侧式站台平面图和横断面图如图 2.51 和图 2.52 所示。

图 2.51　侧式站台平面图

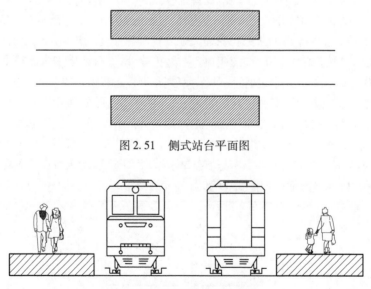

图 2.52　侧式站台横断面图

3）岛侧混合式站台

岛侧混合式站台是岛式和侧式站台联合设置的站台。岛侧混合式站台允许同时上车和下车，例如，登机的乘客从中心平台进入 APM 车辆，同时下车的乘客离开车辆并移动到侧面平台上。岛侧混合式站台往往需要建设多套过街天桥或地下通道以实现三个平台之间的乘客流动。虽然岛侧混合式站台建设成本高昂且要占用更多的物理空间，但其可以为乘客提供最高水平的服务。

一岛两侧式站台平面图和横断面图如图 2.53 和图 2.54 所示。

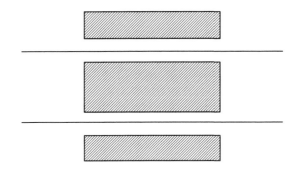

图 2.53　一岛两侧式站台平面图

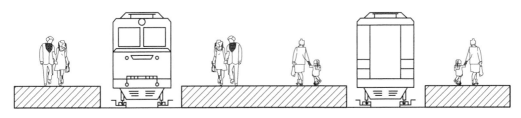

图 2.54　一岛两侧式站台横断面图

APM 站内的障碍墙、门套和乘客循环/排队区域通常被称为平台。单站可以有多个平台。使用的平台类型取决于 APM 配置的类型，物理空间限制以及任何乘客分离要求。需要检查每种平台类型所服务的角色，以确定适合机场环境中特定应用的最佳配置。

根据车站规模以及乘客和流通参数，平台配置可以采用两种基本形式。首先是通过站台，在站台上有一个登机乘客中心平台，位于两个 APM 导轨之间，两个 APM 导轨通道之间又有两个外侧或侧面平台，用于下乘客。这种配置可以通过首先打开下车（侧）平台上的门，然后几秒后打开登机平台上的门来减少停留时间。这将冲突的客流分开，并允许到达的乘客在出发乘客开始登车前开始清理车辆。第二种配置是交叉流动，其中有一个中心平台或两个侧面平台，通过同一套 APM 列车车门登上和下车。在这种情况下，鼓励乘客在登机前允许到达的乘客下车。

站台是 APM 系统正常运输组织顺利进行的基础，为乘客上下车服务、供列车停靠，主要是由线路、站台和乘降设备组成。

2. 站台屏蔽门

为了把站台区域与轨道区域相互隔离开以保证乘客安全，多数机场 APM 车站以玻璃幕墙的方式包围站台与列车上部空间，把站台区域与轨道区域相互隔离开。屏蔽门是可自动开启和关闭的玻璃幕墙内外之间的通道。列车到达并准确停靠时，屏蔽门与列车车门位置对应，供乘客上下列车。屏蔽门主要有两种类型,一类屏蔽门是全立面玻璃隔墙和活动门,沿车站站台边缘和站台两端头设置,把站台乘客候车区与列车进站停靠区域分隔开,属于全封闭型。另一类屏蔽门系统是一道上不封顶的玻璃隔墙和滑动门或不锈钢篱笆门,属于半封闭型。其安装位置与第一种方式基本相同。这种类型的屏蔽门系统比第一种类型屏蔽门相对简单,高度比第一种屏蔽门低矮,通常为 1.2 ~ 1.5 m,空气可以通过屏蔽门上部流通,主要起隔离作用,保障站台候车乘客的安全,也称安全门。

屏蔽门可以防止乘客因跌落或跳下轨道而发生危险,让乘客安全、舒适地乘坐 APM 列车出行,列车也可在较安全的环境下行驶,减少司机的不安全感;屏蔽门也改善了站台候车环境,使站台乘客及人员与通过列车之间保持安全距离、降低列车进站或通过站台时所造成的风压,减少噪声;屏蔽门有效阻隔了站台候车侧与轨道侧,故站内的空调无法经站台外流至轨道侧,增加整个站内空调系统的利用率,并且由于屏蔽门有较好的隔声效果,可有效增强站内广播系统效果;站台侧或轨道侧发生火灾时,屏蔽门可隔绝火势及浓烟由轨道侵入站台或由站台延烧至轨道,且可延长其两侧相互影响时间,以增加乘客的疏散时间。

3. 乘客信息系统

车站乘客信息系统是依托多媒体网络技术,以车站显示终端为媒介向乘客提供信息服务的系统,系统设备主要包括车站服务器、车站操作工作站、显示控制器及各类显示终端等。在车站出入口、站厅、站台、电梯和扶梯的上下端口等乘客可视的空间设置显示器、二极管显示器、投影墙等视频显示装置,并利用这些装置进行信息展示。车站标识系统包括导向标识、定位标识、信息标识、提示标识等,其中导向标识的主要功能是引导乘客安全、顺利及迅速地完成整个车站的旅程,避免乘客滞留在车站内引起拥塞。在紧急疏散时,导向标识必须能清晰地引导乘客顺利地离开危险区域及车站;定位标识清晰地标识洗手间、电梯等的位置;信息标识显示出口、行程路线图示意图;提示标识提示禁止吸烟、注意、安全通道、禁止饮食等信息。

4. 综合监控系统

车站综合监控的主要功能包括对车站各种机电设备的实时集中监控,各系统之间的协调联动两大功能。一方面,通过综合监控系统,可实现对车站电力设备、火灾报警信息及其设备、车站环控设备、区间环控设备、环境参数、屏蔽门设备、防洪设备、自动扶梯设备、照明设备、广播和闭路电视设备、乘客信息显示系统的播出信息和时钟信息等进行实时集中监视和控制的基本功能;另一方面,通过综合监控系统还可实现非运营情况下、正常运营情况下、紧急突发情况下以及重要设备故障情况下各相关系统设备之间的协调互动等高级功能。

5. 中央空调

中央空调系统由冷热源系统和空气调节系统组成。采用液体汽化制冷的原理为空气调节系统提供所需冷度,用以抵消车站内环境的热负荷;制热系统为空气调节系统提供所需热量,用以抵消环境冷负荷。制冷系统是中央空调系统至关重要的部分,其采用种类、运行方式、结构形式等直接影响到中央空调系统在运行中的经济性、高效性、合理性。

6. 通风系统

通风是借助换气稀释或通风排除等手段,控制空气污染物的传播与危害,实现室内外空气环境质量保障的一种建筑环境控制技术。通风系统就是实现通风这一功能,包括进风口、排风口、送风管道、风机、降温及采暖、过滤器、控制系统以及其他附属设备在内的一整套装置。在有屏蔽门的 APM 车站中,通风系统包括公共区域通风系统和设备管理房通风系统;若车站位于隧道中,则还包括隧道通风系统。

2.6　车辆维护与管理基地

这里的车辆维护与管理基地是一个广义的概念,是指维护和存储设施提供给车辆维护和存储的空间位置以及行政办公室和中央控制室所占用的空间位置。维护与储存设施是对 APM 列车和系统设备进行维修与管理的主要场所,同时也为行政管理人员提供办公场地。列车维护的具体内容包括车辆维护、清扫与清洗;维护工具、备用零件、备用设备的运输、接收和存储;部分备用零件的制造;备用车辆、列车的存储等。

不同机场 APM 系统的运营规模、线路长度和列车保有量有很大的不同,相应的,维护与储存设施的功能存在较大差异。维护与储存设施的规划要考虑这些差异,主要围绕其要实现的功能而展开。一般来说,规模较小的穿梭型 APM 系统的维护与储存设施更适合建于正线运营区域之内,而规模较大的循环型系统的维护与储存设施对空间的要求更大,因此通常要求该设施独立于正线运营区域之外。两者功能接近,只是前者规模较小。

图 2.55 是纽瓦克自由国际机场位于 APM 系统正线运营区域之外的维护与储存设施。图 2.56 则是拉斯维加斯麦卡伦机场位于一个车站下方的 APM 系统维护与储存设施。

图 2.55　纽瓦克自由国际机场 APM 系统维护与储存设施

图 2.56　APM 系统维护与储存设施

2.7　机场 APM 系统运输组织

APM 系统的线路构型有单线、双线、单环线、双环线等,列车开行方案多种多样。不同线路构型与列车开行方案之间相互组合形成如下七种常见的行车方案:单线-单列车穿梭运行、单线(带旁路)-双列车穿梭运行、双线-双列车穿梭运行、双线(带旁路)四列列车穿梭运行、单环线多列车运行、双环线多列车运行、双线多列车循环运行。

2.7.1　穿梭运行模式

穿梭运行是最基本的 APM 系统行车方案。图 2.57 以双站为例,给出了穿梭运行行车方案的四种基本模式。

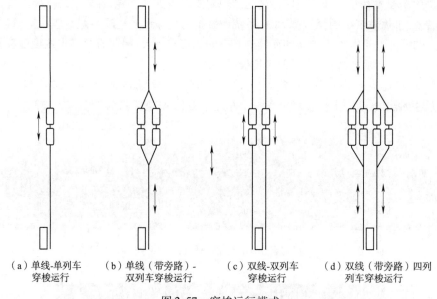

| （a）单线-单列车
穿梭运行 | （b）单线（带旁路）-
双列车穿梭运行 | （c）双线-双列车
穿梭运行 | （d）双线（带旁路）四列
列车穿梭运行 |

图 2.57　穿梭运行模式

1. 单线-单列车穿梭运行

这是最简单的一种运行模式,即单列列车在单线上的站点之间来回穿梭。两个站点最为常见,但可以扩展到更多的站点。这种运行模式的缺点是运量低,且冗余不足,线路上任意一点上的故障都可能导致全系统停运,因此只有在运量要求不高,乘客有步行或其他备用运输工具可供选择的情况下才能采用这种行车方案。

2. 单线(带旁路)-双列车穿梭运行

两列列车在站点之间同步相对运行,在线路的旁路区域会车通过,每列列车的运行相对独立,具有一定程度的冗余和故障管理能力。旁路区域可以添加第三个站。由于两列列车必须保证同时进入旁路区域会车的特殊要求,这种运行模式只能容纳两列列车,同时列车的运行控制也比单线穿梭运行模式要复杂一些。单线(带旁路)-双列车穿梭运行模式只能适应运量较低且只在两站点之间运送乘客的情况。

3. 双线-双列车穿梭运行

两列列车分别在两站点之间的两条线路上同步相对运行。两个站点最为常见,但可以扩展到更多的站点。双线-双列车穿梭运行模式同样只能容纳两列列车,但其列车和线路都具有较高的冗余和故障管理能力,可以在非客流高峰时段对一侧的列车或线路进行预防性维修或临修,而另一侧的列车和线路可以继续维持单线-单列车穿梭模式运行,使得系统整体的可靠性得以提高。与单线-单列车穿梭运行模式相比,双线-双列车穿梭运行模式的运输能力显著提高。

4. 双线(带旁路)四列列车穿梭运行

两列列车分别在两站点之间的两条线路上同步相对运行,在线路的旁路区域会车通过。这种运行模式结合了双线-双列车穿梭运行模式与单线(带旁路)-双列车穿梭运行模式的优点,系统所能容纳的列车数量翻倍,即最多允许四列列车同时运行,可以最大限度地发挥出系统的效率,因而运量大幅提高,非常适合对运量要求较高的情况。

2.7.2　循环运行模式

循环运行模式的线路配置与穿梭运行模式完全不同,目前较常见的是单环线循环运行模式、双环线循环运行模式、双线循环运行模式等三类,如图 2.58 所示。

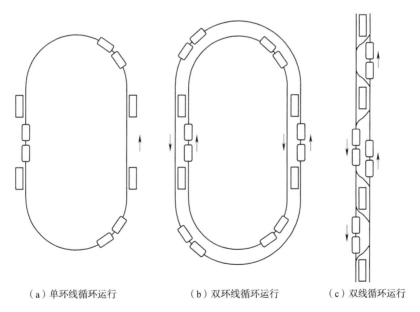

（a）单环线循环运行　　　　（b）双环线循环运行　　　　（c）双线循环运行

图 2.58　循环运行模式

1. 单环线循环运行

这种运行模式是列车在一条可闭合的轨道上单向循环,回路允许配置两个以上的车站以及两列以上的列车。但是随着车站和列车规模的增加,单向循环也带来一些问题。其中较为典型的问题是:

(1)对于配置多个车站的系统,如果乘客的目的地是与列车运动相反方向的相邻站,则乘客必须穿过整个系统的所有其他站才能到达目的地。

(2)对于配置多列车的系统,某一列车发生故障会严重影响整个系统的运行,部分环路必须关闭直到发生故障的列车进入离线的维修设施。

(3)导轨某一点处及其设备需要维修时整个系统也必须关闭。也就是说除非有预先计划的备用穿梭路线,否则单列车或轨道上单个点的故障都可能导致整个系统关闭。因此单环线循环运行模式可靠性偏低,必须有其他替代的交通模式来应对故障风险。

2. 双环线循环运行

双环线循环运行是在单向循环轨道合适的位置增设了岔道和离线的维修设施,并提供双向行驶的列车。不管何处发生了列车或轨道故障(除非是在车站),系统都能够继续运行,有效减少了某一列车或导轨某一点处偶发故障对整个系统的影响。不论乘客目的地的方向如何,都可以通过最短的路线到达目的地。这种运行模式通过提供冗余减少了故障的影响,并且系统中拥有多个车站和多列列车,因此能够确保较高的可用率,适用于大容量和高频次的服务。

3. 双线循环运行

这种运行模式有着与双线穿梭运行模式类似的轨道几何形状,但其实是一种变异形式。在线路终端以及选定的车站配置了可以使列车变换轨道的渡线和道岔装置,并且沿着线路设置多个离线的维修设施。正常运行情况下,列车通过线路终端站处的道岔装置改变车道并反转运行方向,从而实现循环运行。选定站点之间的渡线和道岔装置通常用于故障管理目的,临时发生故障的列车可以通过渡线进入离线的临时维修设施进行检修,以免影响其他列车的运行。

双线循环运行模式可以沿着路线上的站点在两个方向上进行服务,列车数量和行车时距通常不受限制,因此可以容纳多个车站、多列列车并具有极高的可靠性,具有容量大、服务频次高的特点。

2.8   机场 APM 系统运维管理

2.8.1   机场 APM 系统运维管理的功能

从运维管理的角度来看,机场 APM 系统的各个子系统可分为三大系统:

①列车运行系统,包括道、站台、线路、车辆、牵引供电、信号、通信、控制中心等。

②客运服务系统,包括车站及其照明、计算中心、导向及预告措施、消防、环控、自动扶梯、垂直电梯、车站服务等。

③检修保障系统,包括为保障上述设备性能良好,具备能随时启动重新投入运行的检修手段及检修能力等。

机场 APM 系统运维管理是综合利用 APM 相关设施为航空旅客提供优质服务的保证。运维管理的目的是在集中管理和统一指挥的组织体系下,将经过严格培训并且合格的专业管理人员进行有机的组合,采取先进的管理方式和手段,利用现代化的设备设施,安全、有效地完成客流运输任务;在发挥 APM 系统地面交通运输功能的同时,通过合理的经营手段,提高社会和经济效益,推动机场的服务质量不断持续发展。

2.8.2   机场 APM 系统运维管理的基本要求

对机场 APM 系统运维管理的基本要求包括安全、正点、舒适、便利与快捷、低成本等几个方面。

安全是运营期内的主要控制因素,涉及到列车行驶、乘客在车站范围及车厢内的行走及安全输送等。除需要在车辆、运营设备等方面采取稳妥措施外,还应在发生灾害情况下,能对乘客和工作人员进行有效的疏散。为此,从设计阶段起就应贯彻系统安全保障的理念和采取必要的安全措施。

正点运行是指按正式公布的行车时刻表运送乘客,在整个线路上通过列车运行图指挥正常运行,即机场 APM 系统应满足下列运营条件:

①符合全日客流量时段的变化;

②遵守制定的客运时间;

③建立高效率的监控系统和调度系统;

④发生晚点时能够在终点站或线路上采取有效的调整程序。

舒适是指列车上提供的乘车环境要美观、匀称、干净,与功能设施形成一个和谐的整体;提供明确、简洁的乘客导向系统,为乘客乘车、换乘提供方便;在列车和车站上用听觉、视觉方法通报信息;按可接受的密度使客运服务适应客流量,如高峰时列车上站立乘客数量为 3~4 人/m²,站台上乘客数量为 1~2 人/m²。

便利与快捷是指通过合理分布车站、车站功能设施及足够短的行车间隔来达到尽量减少列车行驶时间,缩短乘客在站台停留和上下车时间的目的。

低成本是指采用先进技术,以合理的成本设计一个技术设备先进、确保安全运营,并为乘客提供良好的服务质量的运维模式。

2.8.3　机场 APM 系统运维管理的特色与原则

机场 APM 系统运维管理的特色包括安全可靠性、系统联动性、时空关联性、指挥集中性以及严格性和公益性。安全可靠性是机场 APM 系统运营活动的前提。系统联动性是指机场 APM 系统的运营需要 30 余项不同的专业设施、设备每天 18~24 h 正常而协调地运行。时空关联性是指机场 APM 系统的产出是航空乘客以及其他相关人员在地面的位移,评价其产出的质量标准是乘客能否顺利、准时地抵达机场、登机或下机、离开机场。要实现高质量的产出必须以高速度、高密度的列车运行来为航空旅客服务。指挥集中性是指一个完整运行的现代机场 APM 系统需设一个调度所,调度所一般设于线路中车站附近,信号系统(ATS)、供电系统(SCADA)、环控系统(FAS、BAS)、主机及显示屏均设于调度所内,通信系统一般也设于此。列车运行时,由行车调度员、电力调度员、环控调度员分别担任行车系统、供电系统及环控系统的调度指挥。严格性是指机场 APM 系统运维管理需要事先在各系统设备技术基础上制定具有系统性规范性质的"行车组织规则""客运组织规则""调度规则""安全规则""事故处理规则"以及设备、设施的"运行检修规则"等,规范各系统的日常生产活动,并严格执行。公益性是指在机场 APM 系统项目的建设和综合经营管理中,应充分重视其社会的公益性,辨证地处理机场自身的企业经济效益和社会效益之间的关系。

因此,机场 APM 系统运维管理应保持以下几点原则:

①管理体制要适应严密的系统联动功能的要求;

②保持慎密的时空概念;

③高度的统一指挥;

④以技术管理为基础的综合管理;

⑤以人为本的优良服务。

小　结

　　机场 APM 系统的技术架构包括"硬件"和"软件"两部分。机场 APM 系统的制式包括胶轮路轨、钢轮钢轨、单轨、缆索动力系统以磁悬浮系统。这些制式的轮轨接口技术各有特色。机场 PAM 系统的电力由沿线路间隔分布的供电站提供,供电方式有集中供电方式、分散式供电以及岛侧混合式供电等,变电所则包括主变电所和牵引变电所。缆索牵引式 APM 系统的推动力由缆索提供。机场 APM 系统的行车指挥系统、控制和通信系统中心的主要组成部分是由中央控制设施监控和监督的通信网络。机场 APM 系统的车站包括站台、站台屏蔽门、乘客信息系统、综合监控系统、中央空调以及通风系统。站台形式包括岛式站台、侧式站台以及岛侧混合式站台。车辆维护与管理基地是对 APM 列车和系统设备进行维修与管理的主要场所,同时也为行政管理人员提供办公场地。机场 APM 的行车方案包括单线-单列车穿梭运行、单线(带旁路)穿梭运行、双线穿梭运行、双线(带旁路)穿梭运行、单环线循环运行、双环线循环运行、双线循环运行等。机场 APM 系统的运维管理模式包括供应商承包模式、供应商短期承包 + 机场方面自行承担模式、供应商培训 + 机场方面自行承担模式以及第三方外包模式。

第3章 | 机场 APM 系统规划流程及性能与功能要求分析

机场 APM 系统的规划必须与机场的发展相融合,要在对机场未来的整体性、长期性基本问题进行全面思考的基础上,才能设计出整套方案。规划需要准确而实用的数据以及运用科学的方法进行整体到细节的设计,依照国家航空管理相关技术规范及标准制定合理、有效及可行的执行方案。另外,规划作为机场 APM 系统建设与运营的基础,应充分考虑执行过程中的各种可能情况,对未知的意外情况提前做好预防措施,以降低在规划执行过程中发生不可挽回的恶劣后果的几率。

系统性能与功能要求分析是机场 APM 系统规划起始阶段的重要活动,也是系统全生命周期中的一个重要环节。该阶段是分析系统在功能上需要"实现什么",而不是考虑如何去"实现"。系统性能与功能要求分析的目标是航空乘客对待建设的 APM 系统提出的"要求"或"需要"进行分析与整理,确认后形成描述完整、清晰规范的文档,确定系统需要实现哪些功能,完成哪些工作。此外,系统的一些非功能性需求、设计的约束条件、与机场其他功能区的关系等也是性能要求分析的目标。

3.1 机场 APM 系统与一般轨道交通的差异

机场 APM 系统属于轨道交通范畴,但是与一般意义的轨道交通(城市轨道交通)又有很大的不同,这是在建立规划流程之前首先需要厘清的一个重要问题。

城市轨道交通是城市公共交通系统中的一个重要组成部分,是指服务于城市客运交通,以电力为动力,沿特定轨道运行的车辆或列车与轨道等各种相关设施的总和。一般轨道交通系统主要由轨道、车站、车辆、牵引供电、信号、通信、控制中心、车辆基地、停车场等移动和固定设施设备组成。根据我国建设部颁布的《城市公共交通分类标准》(CJJ/T 114—2007)城市轨道交通可分为地铁系统、轻轨系统、单轨系统、有轨电车、磁浮系统、自动导向轨道系统(胶轮系统)、市域快速轨道系统。机场 APM 系统的规划可以在这些制式中选择。

从系统的观点来看,APM 系统只是机场的一个子系统,是整个机场的配置、功能、用户友好性和运营效率最有利解决方案的一部分,是整合机场和轨道两方面特性后的产物,首要是遵循机场的一般运行规律,以服务机场运行为导向。机场的企业组织结构、历史发展,机场与航空公司及其他机场租户的关系等因素都会影响 APM 系统的规划。因此机场 APM 系统在设计年限、服务对象、服务水平、收费、系统界面关系等方面,与一般城市轨道交通有着明显差异,主要有以下几点:

(1)机场 APM 系统的建成规模,应与机场设施(包括航站楼、卫星厅等)建设目标年、终端目标年规模匹配,一般轨道交通所经常采用的初、近、远期分期建设与开通运营的规划方法并不适用于机场 APM 系统,而是要一次规划到位,建设满足机场终端规模的预留设施。

(2)机场 APM 系统需要区分不同出行目的的乘客,包括国际/国内旅客、到港/离港旅客、工作人员(机场职员、航空公司人员等)。由于客流区分管理的需要,APM 系统需要对不同旅客进行隔离规划。

(3)APM 系统是机场旅客整个流程中的环节,是机场旅客流程的组成部分,其规划、设计和运营要考虑整个流线前后的组织,而一般轨道交通原则上只需要考虑车站内的流线组织。空侧 APM 运车站、车厢的功能使用、流线组织等均需要纳入航站楼或卫星厅的整体功能、流线组织。

(4)大型枢纽机场一般都是 24 h 运行的,再加上世界航空网络运行的需要,更加要求机场具备 24 h 的运行能力,包括人员、设施设备(见图 3.1)。除此之外,航空客运市场需要拓宽航班起降时段,各种因素导致离港或到港的航班延误情况也时有发生。因此,APM 系统,特别是空侧 APM 系统也应具备 24 h 运行保障能力,这又对 APM 系统方案、运营维护模式提出新要求。而陆侧 APM 系统,原则上可以留有天窗时间用于系统的专门检修维护。

图 3.1　机场地面保障人员及设备

(5)机场 APM 系统的服务水平要高于一般轨道交通,满足机场特定的服务水平。机场服务水平评价指标主要有服务时间和空间两类。在分析时间服务水平时,需要区分不同流程的时间控制目标要求,综合各种流程,找到控制性流程的总时间目标值。而空间服务水平的分析,是从舒适性角度入手,考虑如何控制车站、车厢的乘客密度,要避免乘坐捷运系统有"挤地铁"的感受,一般应能满足国际航空运输协会(International Air Transport Association,IATA)中机场航站楼参考手册建议的 B ~ C 级服务标准。机场空间服务水平指标如图 3.2 所示。

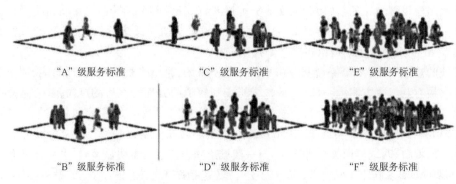

"A"级服务标准　　　　"C"级服务标准　　　　"E"级服务标准

"B"级服务标准　　　　"D"级服务标准　　　　"F"级服务标准

图 3.2　机场空间服务水平

（6）对于空侧 APM 系统而言，没有票务收入，因此无法平衡运营维护成本，这就需要在规划阶段开始提出如何最大限度地简化 APM 系统配置规模。由于不再区分付费区与非付费区，车站设施需求也得以压缩，一般不再设置专门的站厅层。

（7）空侧 APM 系统，特别是空侧捷运系统，必须遵照机场统一的空防管理。一方面，充分利用机场的整体空防设置条件；另一方面，必要时按照机场空防管控要求，配置 APM 系统自身的专门设施设备及管理机制。机场空防安检设施如图 3.3 所示。

图 3.3　机场空防安检设施

（8）轨道交通是涉及机械、电子电气、控制、管理、安全等多个专业，由车辆、轨道、线路、车场、供电、行车指挥、通信等多个子系统所构成的大系统，通常每个子系统都需要完全独立配置。机场 APM 系统的子系统可分为一般通用子系统和专用子系统两个部分。一般通用子系统可与机场资源共享，可纳入机场航站区设施建设与管理，如车站建筑内的照明、暖通、自动扶梯、电梯等。专用子系统需要进行独立配置，如信号牵引、供电、轨道、车辆、综合控制等。

（9）对于机场来说，APM 系统并非核心业务，且一般规模都较小，但专业性较强。若机场方面自行管理和运营，一方面管理和运营的水平很难达到专业轨道交通公司的水平，另一方面需要付出较高的管理成本。国外很多机场的经验表明以"合约＋外包"方式履行系统管理职责，即采用专业化、市场化的运维管理模式可以有效提高机场 APM 系统的效率并降低运营成本。

3.2　机场 APM 系统的规划原则

3.2.1　规划的意义

机场 APM 系统是需要经过较长时期的努力才能建成并要服役数十年的大型工程项目，因此，必须进行系统性规划。规划的最终目的是根据机场和 APM 系统自身的目标和发展战略，以及工程建设的客观规律，并考虑到机场企业所面临的内外部环境，合理安排 APM 系统的开发建设进程，科学地制定 APM 系统的长期服役策略。

人们的交通行为，实际上是交通需求和交通供给的动态平衡。作为一种轨道交通系统，机场 APM 系统规划的意义在于科学回答"需求"和"供给"之间的关系。

从"需求"角度来看，大型机场通常位于距离城市核心区较远的远郊区，同时在发展过程中受诸多复杂的因素影响，各功能模块和产业园区等机场分区无法避免相距较远的问题，这就带来如何解决从城市核心区快速到达机场以及机场内部模块之间地面交通的问题。陆侧 APM 系统应考虑缩短机场与中心城区的通行时间,改善机场的交通状况,加强机场的地位等问题;空侧 APM 系统则应考虑提高航站楼候机廊内、航站楼与航站楼之间,航站楼与卫星厅之间,航站楼与停车设施之间的地面交通效率与可靠性等问题。机场的陆侧交通中心与航站楼之间,有时候也需要 APM 系统,这取决于交通中心与航站楼之间的关系。从"供给"角度来看,机场 APM 系统的规划涉及交通规划、运输组织、线路设计、车站布局、辅助设施规划以及投资与采购管理等多方面的内容,要考虑线网合理的规模,制式的合理选择,运营模式的选择,正线、联络线垂向和水平线形,道岔、车站和车场的位置等。

由于 APM 系统与一般轨道交通存在上述差异性,完全采用城市轨道交通的规划思路,是难以适应机场规划需要的。国内目前有比较完善的城市轨道交通技术标准、规划体系,但 APM 系统规划不可以直接执行或采用其规范,而是需要根据机场的实际使用环境制订符合民航要求的"机场旅客 APM 系统规划设计规范"。

3.2.2　规划原则

国内外机场的发展成长过程有很大的不同。一般而言,国外尤其是西方发达国家机场的建设大多是一个渐进发展的过程,APM 系统随着机场的发展而发展。我国的机场建设则是呈现爆发式增长,相应地也促使机场 APM 系统快速发展,这就决定了我国机场 APM 系统的建设必然有自己的特色。APM 系统的规划具有非可逆性,线路一经建成便很难更改,因此事先确定科学合理的规划原则是非常重要的。

总的来说,科学的机场 APM 规划应遵循以下几条原则:

1. 可持续发展原则

空侧、陆侧 APM 系统的规划都应该是在机场总体规划的基础上,根据远景客流预测分析,合理选择线网布局,正确把握土地空间的利用。对于陆侧 APM 系统要特别关注地下空间利用与交通之间的相互作用,适应机场与城市连接区域的可持续发展,用最小的自然资源代价换取最大的社会效益。

2. 协同性原则

陆侧 APM 系统的规划应与社会经济协同发展,与国家的路线、方针、政策,尤其是机场所在城市的发展方针、目标相一致,与城市总体规划、土地利用规划相一致,并且应该结合地方特色,统筹兼顾。注重保护历史文物、城市传统风貌和自然景观等。空侧 APM 系统的规划在满足以上要求的同时还应强调与机场的发展规划相协调。

3. 体现以人为本的服务理念

客流是所有空侧、陆侧 APM 系统规划、选线的基础。首先要从客流需求出发,选择合理的轨道交通制式,满足乘客需求;其次,根据乘客的分布情况,合理布设线路及车站,确定列车开行方案;第三,考虑机场客流特有的特征,建设相应的服务设施。例如,国外经验表明,可达性更好的陆侧 APM 系统对乘客更有吸引力,即乘客更在乎整个"门到门"过程的便捷性。因此,陆侧 APM 系统应纳入城市轨道交通网络中统筹规划,深入城市中心区,注重与城市交通的衔接,考虑与城市地面公共交通、城市对外客运交通枢纽(火车站、轮船码头、长途汽车站、航空港)的联系,以适应城市总体规划的交通结构。

4. 可操作性原则

规划的目的是实施。机场 APM 系统的规划既要满足提高机场地面客运的效率,满足所在城市社会经济发展需要的目标,又要受建设能力的制约,应在两方面之间寻求一个平衡点,以保证规划是在最大可能实现前提下对需求的适应。

5. 经济性原则

机场 APM 系统规划应本着经济节约的原则,最大限度地挖掘交通潜力,有步骤、有目的地在财力允许的基础上逐步建设,而不能不顾经济实力盲目发展。

3.3　国外典型的机场 APM 系统规划流程

3.3.1　六阶段规划法流程图

机场 APM 系统的规划和前期工程是个复杂的过程,需要采用不同的规划原则和方法,如经验归纳法、形态分析法、经营规模规划法、客流分析法等,不同的规划方法有不同的步骤和流程。在国外,经过近 50 年的发展已经形成了一整套完善的、标准化的机场 APM 系统规划流程,即六阶段规划法,图 3.4 是这种规划方法的流程图。

3.3.2　六阶段规划法步骤

按照图 3.4 所示的六阶段规划法流程图,根据机场 APM 系统规划的主要任务,可以按照以下步骤开展系统规划工作。

1. 确定 APM 系统建设的必要性

对于陆侧 APM 系统,需要确定并量化航空旅客自驾或乘坐非轨道交通类的公共交通工具到达/离开机场所需旅行的距离及花费的时间是否超出了人们的接受限度;对于空侧 APM 系统,需要确定旅客以及机场职员在各功能区(包括航站楼、卫星厅等)之间移动时,所需步行的距离、花费的时间是否超出了人们的接受限度。根据(IATA)中机场航站楼参考手册建议,办票柜台至登机口之间距离超过 1 000 英尺(约 304.8m)需要考虑布置自动人行道系统。但该距离超过 3 000 英尺(约 914.4m)时必须设置空侧 APM 系统。世界上大多数机场与市中心的平均距离在 30 km 左右,城区到达机场所需的出行时间一般不超过 30 min。为保证在世界航空枢纽中的竞争力,各大机场均将 30 min 作为设置陆侧 APM 系统的阈值。

2. 备选方案调研与技术评估

步骤 1 中所完成的乘客旅行距离和时间的分析有助于确定初步的站点位置,对于陆侧 APM 系统车站的位置应确保旅客为搭乘 APM 系统到达机场所需时间不多于步骤 1 所述的阈值;对于空侧 APM 系统车站的位置应确保乘客所需步行的时间和距离须满足 IATA 关于机场航站楼参考手册中的建议。在站点位置的基础上,设计各种连接车站的线路,包括垂向和横向线形,并通过运营模拟分析各种线路布局的优劣。运营模拟分析还有助于确定列车的采购数量。通过对已经开通的机场 APM 系统的调研,以及 APM 制造商的征询,收集整理可供选择的 APM 制式和运营模式,对各种制式、运营模式进行技术经济分析。APM 系统是一项专有系统技术,通常每种系统只由一个厂家设计和生产,目前世界上有许多种专有 APM 技术系统,不同 APM 系统在最大运输能力、运

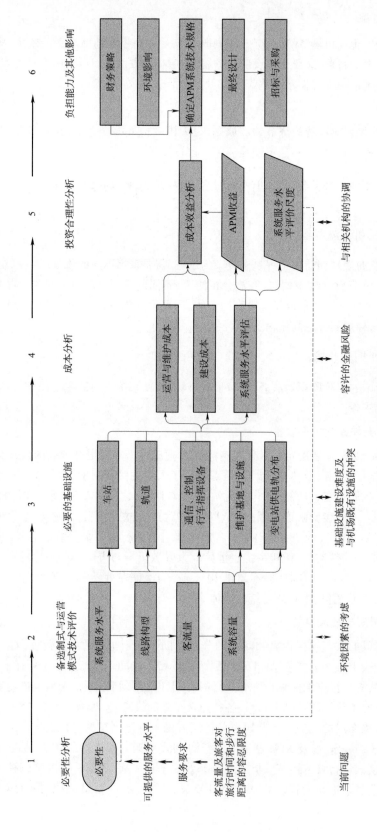

图 3.4 六阶段规划法流程图

行特点、容错能力以及其他能力方面有很大区别。因此,在系统规划阶段必须确定 APM 系统基本方案,也即必须建立清晰的系统技术标准,以满足基本运输需求和可靠度要求。如果机场的运作会由于 APM 服务中断引起较严重的负面影响,则要求提高 APM 系统可靠性标准,否则,如果 APM 系统只是提供一般的便捷服务,则可采用较低可靠性的 APM 系统,同时也降低造价。

3. 基础设施需求的确定

机场 APM 系统基础设施包括车站、中央控制系统用房、设备用房、PDS 用房(动力分散系统)、列车洗车库以及维护和仓储设施。特殊情况下,还有专用的停车列检库、专用停车位以及专用测试轨道等。将运营、维护管理和系统补给集中在一处设施,能减少功能要求导致的技术复杂程度,性价比最高,能提供最具效率的运行和维护组织管理。运营和维护功能的分开会导致成本增加,其一,基础设施、设备所需技术更加复杂,降低系统的可靠性,需要增加额外的维护工作,占用更多的土地面积,耗费更多的维护费用;其二,道岔数量和轨道线路长度增加,导致车辆控制系统的复杂程度增加,需要更高的成本投入,生命周期费用随之增高。在规划和工程建设的前期阶段,应对所有能够满足系统运行和服务水平的集中式运营维护设施方案的可行性进行整体评估。

牵引变电所(即动力分散系统)站房也需要占用一定的空间。空侧 APM 系统对供电可靠性的要求极高,需要大冗余设计,使得设备和空间的需求进一步增加;牵引变电所设备原则上应该在原地进行维护,要增加维护人员的活动空间;另外,某些高压设备与其他设备之间还有安全距离的要求,促使占用空间的增加。一般情况下,400~500 m 左右的短途穿梭 APM 系统只需一个牵引变电所,可放在任意一个航站楼车站。对于线路更长的 APM 系统,为避免过多电压压降,增加的牵引变电所可布置在高架轨道的下方、地下轨道的上方或地面轨道侧面。

车站的布置除了必要的容纳调度人员以及供电、行车指挥控制、通信等设备的建筑外,对终点车站需要考虑站台末尾处车辆越界和缓冲的长度要求,其中影响车辆越界长度的因素包括列车控制系统技术特点、运行和紧急加速的舒适度限制、车站到达速度、缓冲区设计标准、对列车不产生损坏的最大碰撞速度等。一般地,规划设计应尽可能地使越界和缓冲的运行长度最小。

对于缆索驱动的 APM 系统,还要考虑额外的净空限界,如缆索张拉装置、驱动装置和相关的滑轮。一般情况下,这些系统安装在航站楼内,但在沿线路位置或在中间站也有可能设置。

4. 成本估算及采购策略分析

机场 APM 系统的成本包括两部分:一是建设期总投资,一是运营期运行和维护成本。建设总投资需要综合多方面的财务信息才能获得,首先通过对供应商的征询获得各个子系统建造所需的材料、设备和人工的报价;其次借鉴国内外已经投入运营的机场 APM 系统的费用基础数据;最后还可以借鉴一般轨道交通项目的建设投资和维护经验数据。运营和维护费用包括能耗费用、材料(零部件)采购费用以及维护和管理人员的薪酬等。准确估算运行和维护费用的最好方法是依据已经开通的机场 APM 系统的费用历史数据,包括固定设施、移动和固定设备的配置参数,电能消耗量,员工数量,维护与维修的工程量等,但这些数据往往并不容易得到。

机场 APM 系统采购有四种基本策略:常规策略、交钥匙策略、分拆交钥匙策略以及有限交钥匙策略,可根据各个机场不同的技术要求和财务条件分析最适合的采购方法。

5. 社会和经济效益分析

国内外的空侧和陆侧 APM 系统都是非营利性质的公共设施,产生的效益大部分为其他部门获得,自身可营利的极少。一般而言,空侧 APM 系统能提高机场服务的品质和效率,增强机场的商业竞争力;陆侧 APM 系统可提高乘客的舒适性和出行效率,促进所在城市或地区的经济发展,所产生的宏观社会效益远远超过其建设者或运营者本身的微观经济效益。由于投资规模较大,建设周期长,为了对某机场或城市建设某种 APM 系统是否合理作出科学判断,需对备选方案进行经济和社会效益分析,以达到资金的最佳利用。

社会和经济效益分为有形效益和无形效益。有形效益是指运输项目对社会带来能用经济尺度计量的效益,无形效益是指运输项目对社会带来的无法用经济尺度计量的效益。不可量化的社会效益包括改善机场地面交通,提高乘客的舒适性,拓展机场功能,促进城市发展,促进城市经济的发展,改善城市生活质量等;可量化的效益包括节约时间效益,减少交通事故的效益,减少疲劳、提高劳动生产率的效益,节约土地的效益,减少城市污染产生的效益,缓解交通紧张、减轻交通阻塞的效益等。

6. 项目实施可行性分析

项目实施可行性分析包括财务可行性分析、环境影响评价、施工可行性分析以及其他对机场的影响分析等。财务可行性分析主要是设计合理的财务方案,进行资本预算,评价项目的财务营利能力,进行投资决策,并从项目及投资者的角度评价投资收益、现金流量计划及债务清偿能力;环境影响评价是指对规划和建设的机场 APM 系统项目实施后可能造成的环境影响进行分析、预测和评估,提出预防或者减轻不良环境影响的对策和措施;施工可行性评估是指委托经验丰富的专家团队从实施的角度对机场 APM 系统项目的可执行性进行分析与评价,一般有三方面的内容:

(1)对管理项目、项目交易方式、支付方式、风险管理、工作分解计划、劳动计划等宏观管理层面的规划进行分析;

(2)对现场条件的限制性进行分析,包括设备的大小,天气的限制和城市的限制、现场布局、在结构内安装和更换大型设备的便利性、施工顺序安排、耗时较长的设备材料的可获得性和采购的便利性、预制、预装、模块化等;

(3)对施工层面的管理方法进行分析,包括施工管理组织计划、质量管理、材料管理、现场设施的布局(办公室、临时用电、水、下水道、安全、道路、停车场、沉积等)、安全、可操作性和可维护性等。

按照以上步骤建立机场 APM 系统的规划方案,如果所有的评估、评价都是正面的,就可以进入最后的设计和实施(采购)阶段。

需要指出的是,机场 APM 系统的规划是一项需要丰富经验才能正确完成的任务。因此,应寻求相关领域具有必要专业知识、经验丰富的专业人员的协助。机场方面,规划执行团队以及咨询团队之间的相互沟通、相互了解,对于协调 APM 系统规划与机场其他规划之间冲突,顺利完成规划任务至关重要。

3.4　适合中国的机场 APM 系统规划流程

我国机场 APM 系统的规划与建设刚刚起步,在规划、设计、建设方面的研究较为有限。但是,近年来我国的城市轨道交通建设经历了一个高速发展期,在这个过程中已经形成了较为成熟的城市轨道交通系统规划理论体系,可以为机场 APM 系统的规划提供参考和借鉴。通过分析已有研究可以发现,得益于系统性的标准化建设,技术制式选型与系统规划之间有着较为明确的接口,因此在我国城市轨道交通系统的规划和建设研究中,技术制式选型与系统规划通常是分开进行的。技术制式选型主要是在《城市轨道交通分类》(T/CAMET 00001—2020)所定义的十种轨道交通制式范围内依据需求选择,而系统规划的主要内容包括客流规划、线网规划、车站规划、运营规划等,一般采用"客流规划—线网规划—车站规划—运营规划"的结构顺序依次进行。

然而,这种制式选型与系统规划分开进行的模式对于机场 APM 系统的规划并不适用,其原因在于目前世界范围内机场 APM 系统并没有完善的技术标准,技术制式选型与系统规划之间没有明确的接口,二者是相互影响、相互渗透的。从国外的经验来看,多数机场 APM 系统的规划是先对线路的大致走向、总体结构、用地控制、车辆段及换乘站的配置做出初步规划,形成初级路网,再结合制式选型、财务、环境、可施工性等多方面的分析,对初级路网不断进行优化完善,因此是一个动态的滚动发展过程。

从国外流行的六阶段规划法也可以看出,机场 APM 系统的规划需要对机场规划、设计、运营和其他项目全寿命周期各阶段有系统和全方位的认识。规划研究主要目的是为实现高服务水平、低价格、满足可靠运量要求的最佳轨道运输解决方案。以单一的规划方法实现机场 APM 系统规划是困难的,必须是多种方法的融合与贯通。同时在整个规划过程中,保持系统的视角非常重要。

需要注意的是国内航空市场目前还处于快速发展之中,机场吞吐量连年保持较快增长,因此在规划 APM 系统时,必须预留足够的系统容量冗余以适应未来的增量旅客。尽管这样会导致初期投资效率的降低,但可以免去未来频繁扩展系统的投资,从长期的角度来看,资金效率依然是合理的。这与欧美国家在机场 APM 系统规划中往往强调短期资金效率的观点有很大的不同,其原因在于美国、欧洲机场的吞吐量趋于饱和,增长空间有限,APM 系统只需满足当下需求即可。

借鉴国外经验,在对我国机场 APM 系统的功能、特点、规划特征进行分析,明确不同功能机场线的适应性特点的基础上,本书提出了一种将技术制式选型与系统规划相融合的,适合于我国机场 APM 系统建设的规划流程。按照这一流程图,机场 APM 系统的规划划分为五个步骤:系统性能要求分析,系统功能定位分析,技术制式评估与筛选,技术制式选型决策,以及系统组件(基础设施)规划,称为五阶段规划法,如图 3.5 所示。这一规划流程淡化了对投资资金的规划,更加强调系统的技术特性。

本章第 5 节和第 6 节分别介绍系统性能要求分析和系统功能分析,而系统技术制式分析,技术制式选型决策,以及系统组件(基础设施)规划则分别在第 4 章、第 5 章和第 6 章介绍。

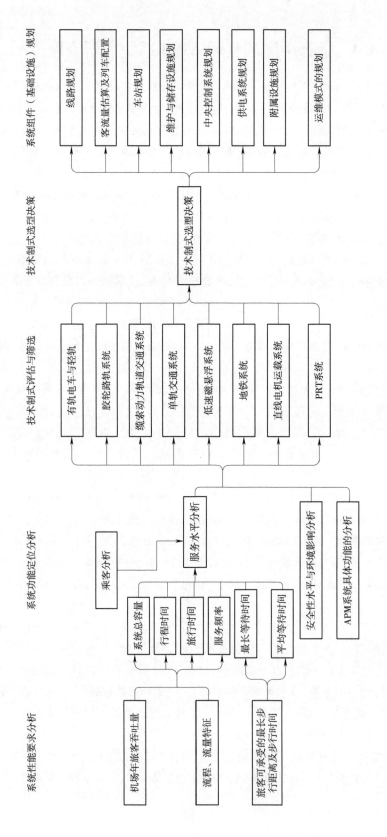

图 3.5 五阶段规划法

3.5　系统性能要求分析

3.5.1　旅客可承受的最长步行距离及步行时间分析

大型机场,尤其是枢纽机场通过将各个功能区进行大范围的布置,以提高可容纳的飞机数量,实现更大的年旅客吞吐量。有些规模一般的机场为了更好地服务大型客机,或者为了适应较恶劣的地形也需要把飞行区、航站区、工作区等布置在相对距离较远的位置。因此航站楼与航站楼,航站楼与卫星厅之间距离越来越远。为了增加机位数,航站楼的指廊也不断加长,因此旅客在进出航站楼,到达登机门的过程中需要步行的距离越来越长。

根据 IATA 中机场航站楼参考手册建议,304.8 m 的距离是许多老年旅客、体弱者可承受的最长步行距离;另外,大多数航空旅客携带手提行李,根据公共交通行业站点布局的研究结果,携带行李的旅客可承受的最大步行距离聚集在 350~500 m 之间,步行时间在 5~6 min 左右。超过这一限度,很多旅客尚未到达目的地就已经腿脚酸软,引起对运输系统服务质量的不满。

我国多数机场的登机手续办理和安检遵循集中处理分散登机的模式,对于大型枢纽机场而言,由于常年保持数量庞大的机场内旅客,因拥堵或其他意外事件而延误的几率大增。延误会给旅客带来麻烦,尤其是对于需要中转的旅客。这是因为航班时刻往往是相互衔接的,转机旅客必须在规定的时间内迅速从下机口到达登机口(有时还需要经历必要的重新安检)。机场以及入住的航空公司是否能够满足旅客的期望,使他们能够在合理的时间内顺利完成旅行是航空旅客极为关心的问题。我国有关部门曾经针对国内主要机场的旅客服务质量进行了问卷调查,其中关于旅客最在意机场服务的调查结果见表 3.1,可以看到市区到机场的地面交通方便程度,转机的方便程度,登机、出港采用的方式等与地面交通相关的选项都得到旅客较高的关注度。

表 3.1　旅客对机场最在意的服务内容汇总表

选　择	百分比/%	票　数
航班不正常时的服务	14.59	300
市区到机场的地面交通方便程度	12.65	260
航班信息显示和广播服务	8.51	175
提取行车的方便程度	8.51	175
机场窗口、设施指引明确程度	6.86	141
候机楼设施较好、舒适程度	6.66	137
换登机牌服务	6.32	130
问讯服务	5.45	112
安全、边防检查服务	5.16	106
转机的方便程度	5.11	105
机场安全	4.82	99
登机、出港采用的方式	4.13	85
餐饮购物的价格和服务	3.6	74

选　择	百分比/%	票　数
机场售票服务	2.82	58
机场建设费、保险服务	2.09	43
候机文化娱乐	1.80	37
机场医务室服务	0.92	19

服务质量是任何企业安身立命之本,机场是提供服务产品的组织,服务质量是各个机场企业生存和发展的关键。航空旅客在进出机场和机场内地面交通中必需的步行距离和步行时间是评价机场服务质量的重要指标之一。中国民航局机场司、中国民航科学技术研究院于 2013 年提出的《我国民用机场旅客服务质量评价指标体系》中,在评审员评价旅客服务质量指标子体系的通用服务质量评价指标中,航站楼旅客运输系统与陆侧交通设施都被列为重要的评价指标。因此,要求航空旅客在没有快捷运输系统的情况下,主要依靠步行实现机场内的移动必须有一个限度,超过限度则会引起乘客对机场服务质量的负面评价。

由于服务质量的评价具有相对性和主观性,无法量化,可以考虑引入"服务水平"的概念,并将"旅客步行距离与时间"作为服务水平的衡量尺度之一,实现可量化的客观评价。所谓"旅客步行距离与时间"定义为"旅客在进出航站楼过程中,不同交通工具换乘点之间的、必须经过的功能路径步行距离与时间",对于乘机旅客,是指从不同交通工具下来经过航站楼所有流程到指定机位的步行距离与时间;对于中转换乘的旅客是指从下飞机到上飞机之间的实际步行距离与时间。

旅客步行距离与时间是机场服务水平的评价尺度之一,而机场服务水平是否能够满足航空旅客的要求是判断机场 APM 系统建设必要性的重要依据,因此实施机场 APM 系统规划之前应对旅客步行距离与时间进行详细的统计与分析,判断其是否超出了旅客可承受的限度。

首先,应当从客户端出发,根据不同旅客人群的调研结果,确定主观的"旅客可承受最远步行距离与时间"。不同职业、不同地域、不同年龄、不同收入、不同身体状态等的人群会有不同的结果,需要加权处理。其次,要根据现有的国家基本建设规范标准,机场本身的基础设施条件、运维管理能力及可能的资金投入等,对所确定的"旅客可承受最远步行距离与时间"进行修正。例如无障碍标准规范、机场柜台截办时间等。修正后的结果就是"旅客步行距离与时间"的上限。

有了"旅客步行距离与时间"上限,就可以将实测的机场旅客步行距离与时间与之比较,判断是否超限。这一结果可作为实施机场 APM 系统规划的重要客观依据之一。

3.5.2　机场年旅客吞吐量分析

从国外机场发展的经验来看,年旅客吞吐量达到 1 000 万人次以上的机场都存在着建设空侧 APM 系统的潜在需求。根据 2021 年 4 月 9 日中国民航局官方网站发布的《2020 年民航机场生产统计公报》,2020 年我国境内运输机场(不含香港、澳门和台湾地区,下同)共有定期航班通航机场 240 个,尽管受到新冠疫情的影响,旅客吞吐量出现了大幅度的下滑,但是依然完成了总共 85 715.9 万人次的旅客吞吐量(比上年下降 36.6%)。各机场中,年旅客吞吐量 1 000 万人次以上的机场较上年净减少 12 个,但仍然达到 27 个。表 3.2 是 2020 年中国旅客吞吐量 1 000 万人次以上机场的排行榜。

表 3.2　2020 年中国旅客吞吐量 1 000 万人次以上的机场

排名	机场	旅客吞吐量/万人次	同比增减
	2020 年中国机场旅客吞吐量排行榜		
—	全国	85 715.94	−36.6%
1	广州/白云	4 376.04	−40.4%
2	成都/双流	4 074.15	−27.1%
3	深圳/宝安	3 791.61	−28.4%
4	重庆/江北	3 493.78	−22.0%
5	北京/首都	3 451.38	−65.5%
6	昆明/长水	3 298.91	−31.40%
7	上海/虹桥	3 116.56	−31.7%
8	西安/咸阳	3 107.39	−34.2%
9	上海/浦东	3 047.65	−60.0%
10	杭州/萧山	2 822.43	−29.6%
11	郑州/新郑	2 140.67	−26.5%
12	南京/禄口	1 990.66	−34.9%
13	长沙/黄花	1 922.38	−28.6%
14	厦门/高崎	1 671.02	−39.0%
15	贵阳/龙洞堡	1 658.39	−24.3%
16	海口/美兰	1 649.02	−31.9%
17	北京/大兴	1 609.14	413.3%
18	三亚/凤凰	1 541.28	−23.6%
19	青岛/流亭	1 456.16	−43.0%
20	哈尔滨/太平	1 350.87	−35.0%
21	天津/滨海	1 328.55	−44.2%
22	沈阳/桃仙	1 318.15	−35.8%
23	武汉/天河	1 280.21	−52.8%
24	济南/遥墙	1 238.47	−29.5%
25	乌鲁木齐/地窝堡	1 115.27	−53.5%
26	兰州/中川	1 112.66	−27.3%
27	南宁/吴圩	1 058.41	−32.90%

　　北京、上海和广州三大城市机场旅客吞吐量占全部统计机场旅客吞吐量的 18.2%。广州白云机场旅客吞吐量最高达 4 376.04 万人次,成都双流机场、深圳宝安机场排名第二和第三,旅客吞吐量分别为 4 074.15 万人次、3 791.61 万人次。年旅客吞吐量 200~1 000 万人次机场有 27 个,较上年减少 8 个,完成旅客吞吐量占全部境内机场旅客吞吐量的 19.0%,占比较上年提高 9.2 个百分

点。从增速看,拉萨贡嘎机场同比下降9.6%,降幅在10%~20%的机场有1个,降幅在20%~30%的有10个,降幅在30%~40%的有10个,降幅在40%~50%的有4个,降幅超过50%的有1个。年旅客吞吐量200万人次以下的机场有187个,较上年增加22个,完成旅客吞吐量占全部境内机场旅客吞吐量的11.0%,占比较上年提高4.2个百分点。尽管受疫情影响,大部分机场旅客吞吐量有所下降,但是23个机场旅客吞吐量正增长。例如,九寨黄龙机场、甘孜格萨尔机场、北京大兴机场、重庆巫山机场旅客吞吐量大幅增长,分别同比增长498.3%、462.7%、413.3%、222.3%。

总的来说,我国民航客运短期内高速发展,典型特征是"需求量大,规划先行"。除了北上广机场年旅客吞吐量已达到数千万人次外,会有越来越多的省会城市机场加入这一行列。从总运量来看,短期内我国将有大批的机场存在着规划机场 APM 系统的需求。另一方面,在规划机场的同时考虑引入城市轨道交通系统,即陆侧 APM 系统已经成为国内所有大型机场规划建设的共识,也就是说无论年旅客吞吐量如何,几乎所有大型机场都在空侧 APM 系统建设之前就引入了陆侧 APM 系统的规划。因此,对我国而言,机场 APM 系统规划时机的讨论主要集中于空侧系统。

3.5.3 流程、流量特征分析

1. 流程分析

旅客流程分析,即"从何处到何处、有多少旅客需要运送?"。机场 APM 系统流程分析远比城市轨道交通复杂得多。机场的性质不同,其 APM 系统需要提供的服务流程的种类和数量是不同的。机场的性质不同包括,是国际、国内航班兼顾,还是以国内或国际航班为主;是中转型还是门户型,还是二者兼而有之。

这就需要对旅客流量作一个全面、详细的分析。首先,确定并分析产生旅客运输需求量的活动中心区域。机场的活动中心区域通常包括航站楼到航站楼、航站楼到停车场、航站楼到联合运输中心之间等。不同的活动中心区域会产生不同的运输服务需求量。需要着重加以阐述和理解的主要问题是旅客的特征,如到达和出发的旅客、国际和国内旅客、中转旅客、确定的旅客和不确定的旅客、其他旅客等。例如,我国上海浦东国际机场在规划空侧 APM 系统时,分析得到的旅客流程有81种,加上终端需求还有20种流程,流程数量达到101种,部分流程如图3.5所示。

2. 流量分析

流量分析的重点是"高峰小时"旅客量。流量分析是在机场客流预测的基础上,对不同流程旅客从数量上进行细分、归并,针对高峰小时流量需求,提出针对各种流量的解决方案,确定哪些是必须由 APM 系统运输,哪些是可以由其他交通方式解决。必须由 APM 系统运输的旅客流量是判断 APM 系统建设必要性的重要因素。

机场客流预测主要受机场规划运行方式的影响,需要考虑的因素很多,包括机场处理能力,航站楼系统处理量,航空公司市场份额,航空公司在航站楼之间的分配方案,高峰小时旅客量估算,机型组合方案,航班计划小时分布,机位系统使用方案等。以浦东机场为例,其总体布局方式为航站楼+卫星厅,如图3.6所示。这种布局决定了有相当一部分旅客是需要在 T1—S1,T2—S2 之间流动的,那么 S1—S2 之间的分配量就决定了流动量的大致规模。浦东机场的 S1—S2,T1—T2 四个航站楼的旅客处理量既受机场总的吞吐量限制,也受航空公司使用方式的影响,这是因为 T1/S1 航站楼系统主要作为基地航空公司东航及其联盟航空公司运作,而 T2/S2 航站楼系统则主要是其他国内航空和国外航空公司及相应联盟运作。

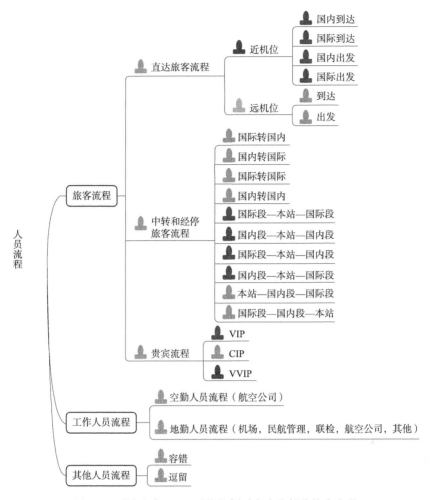

图 3.5　浦东机场 APM 系统规划时考虑的部分旅客流程

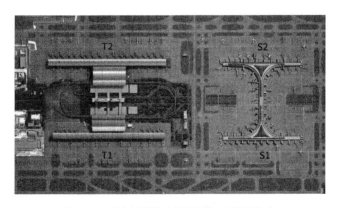

图 3.6　浦东国际机场航站楼、卫星厅分布

另外,各个航站楼、卫星厅登机口的数量、各型飞机的平均座位数、假定的飞机平均载客系数、登机口效率(登机口单位时间内对应的飞机数量,下客时间等)、始发/终程的到达、出发、中转旅客

数量、其他需要使用 APM 系统的乘客,如机组人员、机场工作人员、观光者等都可对最终的流量特性产生影响。

旅客需求量在典型运行日中并不是平均分布的,在一天的各个时段、每天甚至是每个月,旅客需求量都是变化的,在节假日和不同的季节更是如此。因此,对空侧的 APM 系统来说,惯常的做法是根据高峰小时需求量,然后用频繁发生的人潮/微型高峰,通常是 15 或 20 min 为一个时间段(称之为"人潮因子")来加以修正(见图 3.7)。人潮因子必须根据每个机场的具体情况来单独确定。典型人潮因子的范围在 125% ~ 200% 之间,具体取值决定于机场的运行特征。特殊情况下,比如有大型飞机用于国际到达的情形,此时人潮因子的取值可能会大于 200%。通常陆侧 APM 系统对应的人潮因子取值为 125%,若旅客在此处领取行李,则人潮因子更高,通常在 150% ~ 200% 之间,因为旅客从飞机直接步行至此的过程中受到较少的限制,而旅客此处聚集的数量就会增多。拥有较高门位流通率的枢纽机场的人潮因子可能高达 200%,比如达拉斯的福特沃思国际机场和休斯敦的乔治·布什国际机场,这些机场中都有一个基地航空公司在实施高度集中的中转运行,其持续时间通常为 20 ~ 30 min。

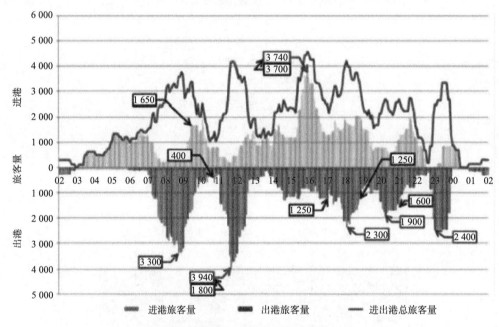

图 3.7 高峰小时旅客流量人潮因子

流程、流量特征统计和预测结果是精确确定 APM 系统的容量规模的重要参考。

3.6　系统功能定位分析

需求分析是机场 APM 规划的第一步,定义了系统的目的,并回答了一个基本问题:是否需要 APM?当得到答案时,这一调研所得到的客流流量、流程数据可以作为 APM 系统功能界定的输入条件,与服务水平要求相结合就可以得到初步的系统功能界定。服务水平的高低直接影响旅客使用 APM 系统乃至整个机场的舒适程度体验,同时又与建设投资和运行维护费用之间正相关。

3.6.1　乘客分析

乘客的类型和特点分析是确定机场 APM 系统基本功能的第一步。在这一过程中需要对所有潜在的乘客类型及其流动特征进行详细的统计与分析。典型的机场乘客包括:国际旅客,包括抵达、离境和转机;国内旅客,包括抵达、离境和转机,航空公司机组人员,机场和航空公司员工,其他临时的访客,包括送机和接机人员,志愿者以及其他人员。尽管每个机场的规定与要求可能有所不同,但多数机场都可以按照以下类型和特点对乘客进行分类:国际和国内乘客,出港与回港旅客,无菌和非无菌旅客(即是否患有传染疾病),经过安检和未经安检的旅客,始发直达和需要中转的旅客,员工和非员工旅客等。

修建 APM 系统并不能使航空乘客完全避免步行,从值机区域、安检区域、登机口等达到车站,从车站到停车场、租车点等依然需要步行。因此对步行条件的规范化是 APM 系统功能界定的主要内容之一,需要在构思初步方案时就予以考虑。步行距离限制、步行人群中携带行李的比例、是否配备行李推车等是常见的考虑因素。

需要特别考虑的是特殊旅客持续步行的能力,以及相关法律、法规中有关特殊旅客的规定(如助力扶手、盲道的设置等)。特殊旅客是指在接受旅客运输和旅客在运输过程中,承运人需给予特别礼遇,或需给予特别照顾,或需符合承运人规定的运输条件方可承运的旅客(限制运输)。在我国旅客包括重要旅客、无成人陪伴儿童、孕妇、轮椅旅客、担架旅客、盲人旅客、特殊餐饮旅客、犯人、酒醉旅客等。

无成人陪伴儿童是指年龄在五周岁以上至十二周岁以下的无成人陪伴、单独乘机的儿童。无成人陪伴儿童乘机时需要地面服务人员把儿童送上飞机,在落地后再由空乘人员移交给地面工作人员或来接的成人。

轮椅旅客分为三种:第一类是机坪轮椅旅客,服务代码为 WCHR。这类旅客通常能够依靠自己的力量上下客梯,在客舱内能自己到座位上,但是如果进行远距离步行或想要离开飞机时,如穿越停机坪、站台或前往休息区时,就需要轮椅。第二类是客梯轮椅旅客,服务代码为 WCHS。这类旅客通常可以自己进出客舱寻找座位,但是在上或下客梯时需要别人背扶,前往、离开飞机或休息室时则需要轮椅。第三类是客舱轮椅旅客,服务代码为 WCHC。这类旅客可以在座位就座,但完全不能动弹,并且前往、离开飞机或者休息室时需要轮椅,在上下客梯和进出客舱座位时需要背扶。

显然,孕妇旅客、携带婴儿的旅客、轮椅旅客、盲人旅客、病残旅客等群体的持续步行能力明显低于一般乘客;无成人陪伴儿童步行进入 APM 车辆则需要地面服务人员的协助。这些都会影响机场 APM 系统步行距离的设定。

3.6.2　服务水平分析

评价服务水平的主要标准可分为两个主要部分:服务的性能水平;服务的感知水平。服务的性能水平在很大程度上可以被量化,而服务的感知水平是不容易量化的,更多的是主观定性。

服务的性能水平包括:系统总容量,行程时间,旅行时间,服务频率(即发车频率),最长等待时间,以及平均等待时间等。服务的感知水平包括:乘客感知到的服务的程度,例如是否达到与机场的"无缝集成";乘客是否会认为 APM 系统就是机场的公共入口;APM 系统的整体公众形象。服务的性能水平在很大程度上决定了乘客对服务的感知水平。

系统总容量——各类乘客的总和,可用于规划和比较各种技术制式方案的总乘客需求。

行程时间——APM 行程的实际持续时间,从自动车门关闭到这些车门在另一个车站打开所经历的时间。

旅行时间——乘客(前往机场)到达 APM 车站站台,等待列车,上车前往机场航站楼,出站并步行至值机柜台(适用于需要购买机票,办理登机手续或打印登机牌的乘客),排队安检所需的总时间。

服务频率——也可用其倒数行车时距表示,决定了在给定时间段内有多少列车可供乘客乘坐。行车时距是连续到达的两列列车之间的时间间隔。

最长等待时间——乘客在下一个可乘坐的列车到达,并且列车与车站站台屏蔽门开始打开之前,在车站站台上等待的最长时间。最长等待时间往往发生在,当乘客到达车站站台时,前一列列车刚好关闭车门,乘客将不得不等待,直到下一列列车到达站台。

平均等待时间——在一个行车时距内,所有乘客在下一个可乘坐的列车到达,并且列车与车站站台屏蔽门开始打开之前,在车站站台上等待的时间的平均值。

研究表明,多数乘客认为等待时间比旅行时间更加令人焦虑。因此,乘客认为较短的行车时距(即较大的行车密度)提供了更高水平的服务。在每列车的编组和容量确定的情况下,较短的行车时距还可以有效提高载客量,很多已经建成的机场 APM 系统都采用了这种运营策略,例如,某些机场空侧 APM 系统的行车时距已经缩短到了 120 s 以内,常规的机场巴士要达到这样的行车水平是很困难的。当然在增加更多的停车位的条件下机场巴士也勉强可以达到这一水平,但却需要付出高得多的人力和物力成本。

乘车环境质量是指旅客在接受 APM 系统运输服务时的场所的物质条件,如装修情况、灯光、装饰、音乐、设施等。在这方面,APM 系统应当与所在机场保持同一水平,以满足航空旅客较高的期望值。具体的环境质量包括站台、车厢内的人均面积,装修、装饰程度,设施设备的完好和先进程度等。

乘客关注的其他服务水平还包括 APM 系统是否为乘客提供了在各个功能区之间的无缝连接,即旅行过程全部处于空气环境可控的密闭空间中,从而避免暴露在外部风吹雨淋的环境中,以及车站是否与航站楼、卫星厅处于同一楼层,进、出车辆时是否需要上楼梯或下楼梯等。

3.6.3　安全性水平与环境影响分析

航空业对于安全性的苛刻要求是有目共睹的。机场 APM 系统的安全分析分两个方面,空防安全和系统运营安全。机场空侧 APM 系统必须要满足机场空防安全的需求,空防安全的目标是为了防止蓄意或意外通过 APM 系统侵入航站楼、飞行区等机场隔离区域,给航空器带来安全隐患。APM 系统与机场其他区域之间要能够分区管理,实现系统运维人员与旅客、APM 系统所在区域人员与机场其他区域人员的隔离,处理好线路分区区间与机场飞行区之间的接口,确保当系统位于隔离区内时,进入系统的所有旅客和工作人员均已经过安检。

系统运营安全主要关注必然和偶然性事故带来的危险。作为轨道交通,APM 系统可能发生的事故包括火灾、爆炸、车辆及线路事故、通信及信号故障、触电、机械伤害、灼烫、高处坠落等,火灾、列车脱离轨道、爆炸是对 APM 系统安全性影响较大的事故。其他具有较大危害性的事件还包括停电、水灾、地震等。在确定机场 APM 功能时,要确保这些安全问题不会发生。

应急救援和疏散能力是机场 APM 系统安全性水平评价的另一个尺度。应急疏散和救援需要考虑的主要因素包括不同工况、不同位置的逃生路径,疏散渠道,以及这些路径、渠道与机场的衔接等。要分析在地下车站大厅、站台等人员密集场所的乘客疏散区的疏散通道进出口位置是否合理,有没有可能因通道宽度不够或被其他物品堆放或商业占用,当突发事故,造成乘客拥挤、逃生困难等。

环境影响分析,一方面是要确定因修建 APM 系统所产生的噪声、空气污染、水污染,以及对航空器飞行和其他道路交通系统的影响处于可接受的范围;另一方面是乘客在抵达、乘坐、离开 APM系统的全过程中,不会因环境恶劣而影响身心健康。同时还应关注视觉影响和美学方面的问题。

3.6.4　APM 系统具体功能分析

对国内外已经开通的机场 APM 系统的统计与分析结果表明,机场 APM 系统在机场的主要功能通常有以下几类:

(1)机场航站楼之间的连接:APM 系统被专门设计成在机场的多个航站楼之间运送乘客。

(2)航站楼与登机门之间的连接:APM 系统被设计成在航站楼值机柜台、安检区与位于航站楼大厅、指廊或卫星厅的登机门之间运送乘客。

(3)航站楼、卫星厅的内部连接:APM 系统被设计成在航站楼或卫星厅内部不同设施、不同区域之间运送航空旅客和航空公司员工、机场员工。

(4)航站楼与机场外部交通系统的连接:APM 系统被设计成在机场候机楼和其他地面交通系统衔接点(城市轨道交通车站,公共汽车总站,机场外停车场或其他客运集散点)之间运送乘客。

(5)陆侧系统地面连接:APM 系统被设计成在机场航站楼与机场其他陆侧功能设施,如汽车租赁点、乘客/员工远程停车场等之间运送乘客。

(6)单纯用于商业开发目的:APM 系统被设计成在机场与位于机场区域内或机场附近区域的写字楼、酒店、会议中心以及其他商业设施之间运送乘客。

通过旅客分析、服务水平分析,可以初步确定 APM 系统的功能定位,即需要连接哪些功能区域;通过乘客流程、流量分析可以初步确定系统的规模。安全性和环境影响分析则对系统的制式选择、规模和运营模式起到一定的约束作用。

一旦基本功能定位得到确定,机场 APM 系统所需要串联的机场设施(或功能区)也就确定下来,这些可能的站点包括主航站楼、航站楼指廊、卫星厅、停车场、汽车租赁处,以及其他需要接入机场的交通系统站点(公共汽车站或轨道交通站点)等。在确定连接各个站点的 APM 系统轨道的空间几何形状时,需要考虑机场既有设施或预留空间的影响。例如,如果轨道必须从机场飞机跑道的一侧行进到另一侧,则必须绕过跑道的尽头或在跑道的下方穿过。这些机场既有设施或预留空间的所产生的约束对于线路走向,允许的直线段的最长距离,水平面和竖曲线最大半径,地下线路的最小深度等等有着决定性的影响,也间接影响了车站,维护、存储设施的位置和空间布局。

小　　结

本章在论述机场 APM 系统的规划流程的基础上,着重就系统性能与功能要求分析的内容进行阐述。在规划流程方面,国内外的要求和内容有着较大的差别。欧美国家航空市场趋于稳定,在机场 APM 系统的规划中对容量冗余的考虑不多,对资金的利用效率要求很高,即刚好够用即可。而国内航空市场尚处于快速发展之中,往往追求更大的系统容量冗余以适应未来的增量旅客,倾向于建设超过目前需求的 APM 系统,因此在规划初期并不追求过高的资金效率。

系统性能要求分析包括旅客可承受的最长步行距离及步行时间,机场年旅客吞吐量,流程、流量特征。系统功能定位要求分析则包括乘客分析,服务水平分析,安全性水平与环境影响分析,以及 APM 系统具体功能分析。

第4章 | 机场 APM 系统技术分析

APM 系统是无人驾驶技术与轨道交通技术结合的产物,理论上讲所有的轨道交通制式都可以实现无人驾驶。事实上《城市轨道交通分类》(T/CAMET 00001—2020)所定义的十种轨道交通制式都有自动行驶模式,因此都是机场 APM 系统潜在的可选择制式。除此之外,一种结合了轨道交通和私家车的优点的个人捷运(Personal Rapid Transit,PRT),系统近年来发展迅速,也在少数机场得到了应用。不同轨道交通制式在最大运输能力、运行特点、容错能力以及其他能力方面有很大区别,因此系统技术分析是必不可少的环节。系统技术分析也可称为系统技术评估,旨在确定各种交通技术的类别并评估其对于特定机场 APM 系统的适应性。

系统技术分析通常由一个来自机场各个部门技术专家、顾问团队、管理人员,以及其他相关人员所组成的委员会研讨完成。评估结果将定义并推荐一组符合系统设计要求和性能标准的代表性技术。不仅是轨道交通技术,技术分析阶段通常还要求评估专家团队对世界范围内已经开发的地面交通技术制式进行梳理,结合机场地面交通的需要,分析各种技术的特点。常见的地面技术选项包括:自动人行道(包括常规和加速自动人行道),巴士(包括常规和快速公交和导向巴士),有轨电车(老式与新式),轻轨交通(LRT),胶轮路轨(包括自牵引式、绳缆牵引式),气悬浮绳缆牵引式,单轨(包括悬挂式和跨座式),中低速磁悬浮,快速铁路(地铁),直线电机轮轨交通系统等。通勤铁路、高速列车、高速磁悬浮列车等更适用于较高的客运需求,其成本、规模和速度一般来说与机场 APM 系统的需求不相符合,因此可以不列入技术分析的范围。

4.1 自动人行道

自动人行道也称移动步道,是一种慢速运输系统,其特征在于行人可以站立或行走在连续平坦移动的表面上。自动人行道通常用于在有限的空间或地点内,在较短距离移动大量人员。虽然通常安装在水平面上,但也可以安装在倾斜度不超过12°的地方。移动表面通常由托盘或橡胶带构成。带式自动人行道由连续移动的带槽橡胶输送带组成,由滚筒支撑。自动人行道常应用于购物商场(多层或连接停车场)、机场、博物馆、医疗中心和游乐园等各种设施。

4.1.1 常规自动人行道

尽管制造商能生产最大连续长度为200 m的自动人行道,但大多数制造商将最大连续安装长度定在90~150 m范围内。速度因制造商而异,一般在0.45~0.65 m/s的范围内,但大多数在0.5~0.6 m/s范围内,或大约为正常步行速度的一半。对于倾斜的自动人行道,最大允许速度为0.7 m/s,水平情况下的安装速度可高达0.9 m/s。实际的自动人行道速度受用户安全上下能力的限制,通常取0.5~0.6 m/s的速度。在过去的几十年中,人们普遍倾向于使用更宽的自动人行道,特别是在机场的应用中。目前自动人行道宽度一般在0.68~1.60 m,某些定制产品的宽度可以达到1.8 m。近年来,很多机场倾向于采用1.4 m和1.6 m宽的滚动式自动人行道,其原因在于航空乘客随身携带的行李逐步增加。

自动人行道的运输能力与托盘宽度、乘客密度、乘客通过能力、步行/站立比率以及运行速度相关。在允许携带行李手推车的情况下,常规自动人行道的运输能力大约在单向1 500 ~ 4 000人/小时,图4.1和图4.2分别是厦门高崎机场和北京首都国际机场自动人行道,自动人行道特征参数如表4.1所示。

图4.1　厦门高崎机场自动人行道　　　　图4.2　北京首都国际机场自动人行道

表4.1　自动人行道特征参数

指　　标	典　型　特　征
系统尺寸	长:90 ~ 150 m　托盘/橡胶带宽度:0.6 ~ 1.8 m
系统运输能力/最大运行速度	运输能力:1 500 ~ 4 000(每方向每小时) 运行速度:27 ~ 37 m/min
编组方式	N/A
最小水平转弯半径	N/A
空载重量	N/A
动力来源	电力
悬挂方式	N/A
供应商	Kone(通力),Montgomery(蒙哥马利),Mitsubishi(三菱),ThyssenKrupp(蒂森克虏伯)和其他
应用场所	应用于全世界机场以及城市中心

4.1.2　加速自动人行道

加速自动人行道是在常规自动人行道基础上发展出来的一种可变速自动人行道,其运行区间分为三段,加速区、高速区和减速区。人们可以以常规行驶速度登上这种自动人行道的移动表面,在加速区过渡到高速区的中段,最后在减速区减速至常规行驶速度,以便乘客从人行道上下来。拥有这种技术的公司包括Dunlop有限公司,ABC公司,三菱重工有限公司,NKK,CNIM和蒂森克虏伯等。

三菱重工业株式会社开发了称为三菱高速行走(M-SW)的变速自动人行道。分段长度范围为150 ~ 1 000 m,宽度范围从1.0 ~ 1.5 m,最高速度为100 m/min,约为常规自动人行道的2.5倍。

由于旅客登上人行道的速度(而非自动人行的速度)决定了承载能力,因此其能力预计将与常规自动人行道相似。

CNIM 在法国巴黎蒙巴纳斯车站安装了长度约为 180 m,最高速度约为 180 m/min 的"快速滚动路面"自动走行道系统。该系统 2003 年开始运行,运用中,最高速度限制在 150 m/min 以下。孕妇及使用辅助步行装置的人(如拐杖等)不建议使用。由于已经有一小部分用户跌倒并受伤,因此用户协会发布公告"让自己的脚保持平稳"。巴黎的 TRR 装置引起了很多客户的兴趣,包括来自香港的机场运营商、伦敦交通运输公司以及 2008 年北京奥组委。但 TRR 要求其应用的潜在场地应包括一个平坦而直的区域。

蒂森克虏伯开发了另一种名为 Turbo Track 的加速自动人行道(见图 4.3)。它的入口和出口速度为 0.65 m/s,巡航速度为 2.0 m/s。系统长度在 100 ~ 1 000 m 范围内。托盘宽度为 1.2 m,在多伦多皮尔逊国际机场已经安装了两个 Turbo Track,加速自动人行道特征参数如表 4.2 所示。

图 4.3 蒂森克虏伯开发的 Turbo Track 加速自动人行道

表 4.2 加速自动人行道特征参数

指　　　标	典　型　特　征
系统尺寸	长:100 ~ 1 000 m　　托盘/橡胶带宽度:1.0 ~ 1.5 m
系统运输能力/最大运行速度	运输能力:最大 14 625(每方向每小时,供应商数据) 运行速度:100 ~ 183 m/min
编组方式	N/A
最小水平转弯半径	N/A
空载重量	N/A
动力来源	电力
悬挂方式	N/A
供应商	三菱、CNIM、蒂森克虏伯
应用场所	没有确切的应用场所

尽管这些加速型自动人行道示范项目引起了一些客户的兴趣,但目前人们似乎并未普遍认为普通公众使用的永久性加速自动人行道设施是发展趋势,主要是由于顾客的安全顾虑和建筑物业主在责任方面的顾虑。另外,目前中国的国家标准规定自动人行道的名义速度不能超过 0.75 m/s,如果踏板或胶带的宽度不大于 1.10 m,并且在出入口踏板或胶带进入梳齿板之前的水平距离不小于 1.60 m 时,自动人行道的名义速度最大允许达到 0.9 m/s,但上述要求不适用于具有加速区段的自动人行道以及能直接过渡到不同速度运行的自动人行道(《自动扶梯和自动人行道的制造与安装安全规范》GB 16899—2011)。

4.2　巴　　士

4.2.1　常规巴士

常规巴士是使用轮胎的车辆,既可以是标准高度地板也可以是低地板,但通常只有一个或两个相对较窄的车门。巴士通常是有人驾驶的,并且没有专用路权,与其他道路车辆混合运行。常规巴士有单体巴士、单铰巴士或双铰巴士可供选择使用。

1. 单体巴士

常规单体巴士是道路运输行业的主力军,世界上每天都有成千上万的单体巴士在运行。大多数用于载客运输服务的单体巴士的长度约为 12 m(见图 4.4),具有表 4.3 所示的特性。长度范围为 6.7 ~ 11 m 的较小巴士也经常使用。巴士既可以采用高地板,也可以采用低地板。低地板巴士的地板面高度一般在地面以上约 0.35 m。巴士可以使用内燃机驱动,如柴油发动机,或混合动力配置等,也可以使用电力作为能源。巴士也包括使用电动机的无轨电车,与常规巴士唯一的区别是电力的来源。但是,无轨电车的接触网系统(架空供电网)会限制巴士的速度和操作以及运行路线的灵活性。就车内每米长度所运输的乘客量而言,巴士是效率最低的技术之一,但由于它们可以在混合交通中的公路上行驶,所以它们是最灵活的。

图 4.4　常规 12 m 单体巴士

表 4.3　单体巴士特征参数

指　　标	典　型　特　征
车辆尺寸	长:12.0 ~ 13.7 m　宽:2.6 m　高:3.0 ~ 3.4 m
车辆运输能力/最大运行速度	运输能力:60 名乘客 运行速度:80 km/h
编组方式	单车编组
最小水平转弯半径	11.9 ~ 13.4 m
空载重量	12 500 ~ 20 000 kg
动力来源	车载动力方式或接触网系统(限制运行速度在 65 ~ 70 km/h)
悬挂方式	橡胶轮胎

指　　标	典型特征
供应商	Gillig,尼奥普兰巴士公司,New Flyer,NABI,Orion,范胡尔,宇通
应用场所	应用场所遍布全世界

2. 铰接式巴士(单铰和双铰)

铰接式巴士也是在世界范围内广泛运用的道路运输工具,最常见的是 18 m 长的单铰接式车辆(见图 4.5)。这种类型的巴士是快速巴士(Bus Rapid Transit,BRT)应用的典型选择。双铰接式巴士长 24 m(见图 4.6),可用于特殊的 BRT 交通系统。铰接式巴士的地板高度有全高地板、全低地板,以及部分低地板(大部分是低地板,但有一些高台阶区域)等三种类型。其驱动方式与常规单体巴士类似,包括内燃机驱动以及电动机驱动两种方式。铰接式巴士与长度为 12 m 的单体巴士在每米乘客容量方面基本相同,但由于长度的增加,铰接式巴士可以输送更多乘客,效率更高。表 4.4 是铰接式巴士特征参数。

图 4.5　NABI 低地板单铰接巴士　　　　图 4.6　德国 Auto Tram Extra Grand 双铰接巴士

表 4.4　铰接式巴士特征参数

指　　标	典　型　特　征
车辆尺寸	长:18~24 m　宽:2.6 m　高:3.0~3.4 m
车辆运输能力/最大运行速度	运输能力:90~120 名乘客 运行速度:88~100 km/h
编组方式	单车编组
最小水平转弯半径	11.9~13.4 m
空载重量	17 500~38 500 kg
动力来源	车载动力方式或接触网系统(限制运行速度在 65~70 km/h)
悬挂方式	橡胶轮胎
供应商	Gillig,尼奥普兰巴士公司,New Flyer,NABI,Orion,范胡尔
应用场所	应用场所遍布全世界(限制运行速度在 65~70 km/h)

4.2.2　快速巴士(BRT)

快速巴士(BRT)虽然不属于轨道交通,但是却有着很多轨道交通的特征,如快速、可靠、舒适和便利。BRT 系统并没有统一的规范,系统设计多元化,应用领域也非常广泛。不同的 BRT 系统在车辆的结构设计、导向原理、动力源、路权形式、车站结构、开行方案以及通信控制等方面都有很大的不同。

BRT 系统的车辆通常使用橡胶轮胎,车辆一般为低地板,有多个较宽的车门,以及宽阔的通道,以利于乘客上下车和在车内的流动。BRT 系统一般使用长度 8 ~ 10 m 的小巴士,标准 12 m 长巴士,18 m 长单铰接巴士或 24 m 长双铰接巴士。BRT 巴士有的采用内燃机驱动,使用柴油或清洁燃料,也有采用电力驱动的,通过电池储能装置、架空的接触供电网或嵌入路面的供电轨系统供电。电力驱动的 BRT 车辆可以几乎可以使用任何规格的直流和交流电源。意大利已经测试成功一种名为 STREAM 的嵌入式供电系统。BRT 巴士还可以综合使用不同的动力源,例如,柴油 + 电力,CNG + 电力 + 氢 + 电混合动力等。同时采用燃料电池技术的快速巴士也已经开发成功。

所有 BRT 巴士都是有人驾驶车辆,运行于专用车道或路权专用车道或公交专用车道上。BRT 系统的车站类似于轻轨车站,在进站、出站时车辆可以被引导,并具有限制停车和快速操作模式。BRT 系统的速度和运营可靠性受到其他汽车交通和交通控制设备的影响。如图 4.7 和图 4.8 所示,运行于专用车道、路权专用车道、公交专用车道上的 BRT 巴士与其他车辆隔离的程度是不同的。例如,在公交专用车道(非高速公路专用车道)上,有的 BRT 系统是通过限制非公交车辆的流量来达到部分隔离,也有的 BRT 系统是使用交通标志,或设置物理障碍来禁止其他非公交车辆驶入公交专用车道。

图 4.7　俄勒冈州尤金市 BRT 快速公交系统　　　图 4.8　北京 BRT 快速公交系统图

BRT 系统的车站间距一般控制在 0.8 ~ 1.6 km 的距离,在交叉路口等关键位置会控制其他车辆而给与 BRT 巴士优先通过权。先进的 BRT 巴士车辆配备有信号预警装置,当车辆接近交叉路口等关键位置时,会触发交通信号控制装置以延长绿灯时间,以便允许巴士通过路口。有些采用部分路权(与其他社会车辆共用同一道路,但享有优先权)的 BRT 系统在转弯、停车、以及排队换道时,通过技术手段来限制其他社会车辆的通行,而优先放行 BRT 巴士车辆。这些措施对于保证 BRT 系统的运行速度和可靠性具有重要意义。

BRT 车辆的地板有高有低,为了提高 BRT 的服务水平,采用高地板车辆的 BRT 系统可以升高站台高度来方便乘客上下车。这一功能对于行动不便的人士以及携带包裹、行李、行李推车等的乘客来说非常重要。一些高级的 BRT 车站还为乘客提供额外的服务设施,如雨棚、舒适的座位、良好的照明、先进的公共信息系统、实时监控系统等。

标准 12 m BRT 巴士的容量在 35 ~ 40 人之间,铰接式 BRT 巴士的容量在 50 ~ 70 名乘客之间。由于采用的车辆不同,不同 BRT 系统的容量也有很大差异。行车密度方面,运行于只经过简单改进的街道上的 BRT 系统能实现 2 min 间隔,运输能力约为单向每小时 1 350 人,而一个拥有多条路线和铰接式巴士的 BRT 系统可以达到单向每小时 5 000 人的运输能力。

在我国,北京公交 BRT1 线于 2005 年 12 月开通运营,是全国第一条封闭式快速公交线路。济南、厦门等城市所建设的 BRT 系统都各有特色,厦门和济南的 BRT 快速公交系统如图 4.9 和图 4.10 所示,快速巴士特征参数如表 4.5 所示。

图 4.9　厦门 BRT 快速公交系统

图 4.10　济南 BRT 快速公交系统

表 4.5　快速巴士特征参数

指　标	典　型　特　征
车辆尺寸	长:8 ~ 24 m　宽:2.6 m　高:3.0 ~ 3.4 m
车辆运输能力/最大运行速度	运输能力:90 ~ 120 名乘客 运行速度:88 ~ 100 km/h
编组方式	单铰或双铰车辆单车编组
最小水平转弯半径	11.9 ~ 13.4 m
空载重量	17 500 ~ 38 500 kg
动力来源	车载动力方式或架空供电网(限制运行速度在 65 ~ 70 km/h)
悬挂方式	橡胶轮胎
供应商	沃尔沃,日立铁路意大利,Gillig,尼奥普兰巴士公司,New Flyer,NABI,Orion,范胡尔,金龙客车,青年汽车集团
应用场所	应用场所遍布全世界

4.2.3　导向巴士(单铰和双铰)

导向巴士是一种使用橡胶车轮,但依靠外部媒介进行导向的快速巴士运输系统。早期的导向巴士通过侧向的导向轮/导轨实现机械导向,这种技术需要在道路中嵌入导轨或导槽。导轨置于路面的凹槽中而不影响其他车辆的运行,导轮则以不同形式将导轨"套"着移动。近年来,一种通过预埋光学或磁性传感器,与车载扫描设备相互配合来控制车辆转向的非接触式导向技术获得了很大的发展。依靠这些导向技术,巴士车辆不仅可以精确地沿着专用车道运行,拥有更小的转向半径,还可以准确地停靠在站点,有效减少了对公共道路资源的占用。

在运输系统分类上,导向巴士可以说是胶轮路轨系统与无轨电车的"近亲",都是使用胶轮、半接受或完全接受外来媒介的导向与控制。与无轨电车的共同点是二者的部分营运线路属于开放式系统,即和其他车辆共用道路的路段,但在交叉口遵循道路交通信号或享有一定的优先权。车辆通常采用单铰和双铰巴士,或者是将钢轮替换为橡胶车轮的有轨电车。新型导向巴士通常采用低地板和宽车门,车速限制在 70 km/h 以下。车辆的转向依靠导向系统,但驾驶员可以控制加速度和速度。

大多数导向巴士都被设计成在脱离导向时可以正常驾驶,但有些车辆不能自主转向,只能先"停车"再"转向"。一般情况下,前者处于非导向模式时可以以正常速度运行。导向巴士的动力系统与常规巴士类似,有的使用由柴油或清洁燃料驱动的车载发动机设备,有的采用通过架空接触网供电的电动机。利用架空接触网供电的导向巴士有时也被称为电车。除了架空接触网供电方式之外,一种嵌入路面的安全集电系统已经开发成功并处于试应用阶段。

导向巴士系统在全球虽然有多个供应商,但每个供应商所提供的导向机理、供电模式都不相同,相互之间几乎都是不兼容的。

法国的 CiViS 导向巴士具有轻轨车辆的外观(见图 4.11)。根据运量的需求,CiViS 导向巴士采取不同的长度,通车采用低地板设计,地板的正常高度为 33 cm,停靠时,从车站站台到车内地板面的高度差不超过 25 cm。采用光学传感器导向,预埋传感器的道路表面用特殊的油漆以线条的形式标注。荷兰先进公共交通系统公司的 Phileas 巴士(见图 4.12)采用嵌入路面的磁传感器进行导向,多轴转向设计(车辆的全部车轮都可以转向),非常有利于精确停靠车站。庞巴迪的 GLT 巴士(见图 4.13)使用架空接触网供电,凹槽导轨与垂直导轮导向。法国劳尔重工的 Translohr 导向巴士(见图 4.14)使用架空接触网供电,以两个成 45°角倾斜的导轮紧握中央非承重导轨的方式导向。英国东南部克劳利的 Crawley Fastway 导向巴士(见图 4.15)以及梅赛德斯-奔驰的 O-Bahn 导向巴士(见图 4.16)都采用侧向的导向轮和导轨来导向。此外,智轨列车以胶轮取代钢轮,无须铺设有形轨道即可在城市道路上行驶。

图 4.11　法国 CiViS 巴士

图 4.12　荷兰 Phileas 巴士

图 4.13　庞巴迪 GLT 巴士

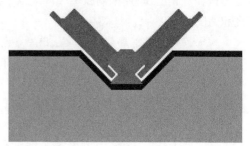

图 4.14 法国 Translohr 导向巴士

图 4.15 英国 Crawley Fastway 导向巴士　　图 4.16 奔驰的 O-Bahn 导向巴士

　　我国在导向巴士系统的开发方面也取得了很大的发展。中车株洲电力机车研究所有限公司开发了智能轨道快运系统(见图 4.17)。这是一种采用虚拟轨迹跟随、高效电传动技术的全新轨道交通运输系统。该系统是融合了现代有轨电车和公共汽车各自优势的新型交通工具,属于跨界之作。车辆采用中车株洲所自主研发的"虚拟轨道跟随控制"技术,以车载传感器识别路面虚拟轨道,通过中央控制单元的指令,调整列车牵引、制动、转向的准确性,精准控制列车行驶在既定虚拟轨迹上,导向巴士特征参数如表 4.6 所示。

图 4.17 株洲智能轨道快运系统

表 4.6 导向巴士特征参数

指　标	典 型 特 征
车辆尺寸	长:18~24.5 m　宽:2.2~2.6 m　高:3.0~3.4 m

续上表

指　标	典 型 特 征
车辆运输能力/最大运行速度	运输能力:60 ~ 128 名乘客 运行速度:70 km/h
编组方式	单车编组
最小水平转弯半径	11.9 ~ 13.4 m
空载重量	17 500 ~ 38 500 kg
动力来源	车载动力方式或架空供电网
悬挂方式	橡胶轮胎
供应商—应用场所	lrisbus(伊萨客车)、CiViS—内华达州拉斯维加斯 庞巴迪 GLT—法国卡昂和南希 Translohr—意大利 Pavoda 和法国克莱蒙费朗 Phileas—荷兰埃因霍温 梅赛德斯-奔驰 O-Bahn—德国埃森和澳大利亚阿德莱德 中国中车—中国湖南株州

4.3　有轨电车与轻轨

4.3.1　有轨电车

有轨电车分老式和现代电车车辆,技术标准类似,都采用电力驱动,但有轨电车更短、更窄、更轻,速度也更低。一些拥有悠久历史的城市、地区所保留或复建的老式有轨电车能够带来怀旧情怀,往往受到游客的欢迎。图 4.18 是目前仍在中国辽宁省大连市运行的老式有轨电车。图 4.19 是行驶在土耳其伊斯坦布尔的塔克西姆广场的老式有轨电车。

图 4.18　大连老式有轨电车　　　　　　图 4.19　伊斯坦布尔有轨电车

现代有轨电车通常为单铰设计,采用低地板,有 100% 低地板和 70% 低地板两种类型,前者购买和维护成本高于后者。有轨电车的线路与所在城市的街道是混合的,沿着嵌入街道的钢轨运行。大多数有轨电车的线路是非封闭,因此电力供应通常采用安全的架空供电网。由于运行在混合的交通系统中,有轨电车通常需要车载司机。多数有轨电车比标准轻轨车辆窄,因此其每米载客能力偏小,与导向巴士相似。图 4.20 与图 4.21 为北京和莫斯科的现代有轨电车,有轨电车特征参数如表 4.7 所示。

图 4.20　北京地铁西郊线有轨电车　　　　　图 4.21　莫斯科有轨电车

表 4.7　有轨电车特征参数

指　标	典 型 特 征
车辆尺寸	长:20~22.8 m　宽:2.3~2.4 m　高:3.4~3.6 m
车辆运输能力/最大运行速度	运输能力:100~120 名乘客 运行速度:70~75 km/h
编组方式	1~3 节列车编组
最小水平转弯半径	12~15 m
空载重量	24 000~33 000 kg
动力来源	架空供电网
悬挂方式	钢轮钢轨
供应商—应用场所	PCC—旧金山 庞巴迪和阿尔斯通—欧洲大部分国家地区 中国中车—中国北京,青岛,广州 Skoda-Inekon Astra—美国俄勒冈州波特兰市

4.3.2　轻轨

　　"轻轨"的轻并不是指车辆轻,而是其所运行的轨道的重量轻。虽然多数轻轨车辆比铁路机车车辆轻,但它们实际上比巴士、胶轮路轨车辆,甚至一些"重型轨道"的地铁车辆更重。单体轻轨车辆的长度范围在 12~15 m 之间;铰接式轻轨车辆的长度在 23~29 m 之间,通常采用 1 至 5 辆列车编组运行,使用钢制车轮运行于钢轨上。

　　轻轨的应用范围很广,尤其是在北美地区。轻轨车辆通常为单节或两节铰接,可以采用高地板、部分低地板(总面积的 70% 为低地板)或全低地板。可以调节车站站台高度与车辆地板持平,使乘客更易于登车。轻轨列车可以在路权专用和非专用的线路上运行,尽管在路权专用的线路上可以实现自动化运行,但目前几乎所有的轻轨列车都采用了有人驾驶模式。在混合交通中的典型平均速度为 20~25 km/h,包括停靠车站以及受其他交通干扰而减速、停车所消耗的时间在内,在路权专用的车道上的平均速度为 40 km/h(只包括停靠车站所消耗的时间)。因此轻轨车辆的速度受停车间距和共享通行权的其他交通车辆以及交通信号控制的影响。轻轨的运营速度在 80~105 km/h 之间。在列车自动控制模式下,行车时距可以低至 1~2 min。

　　传统上轻轨系统的电力供应来自高架供电网,但在路权专有的系统中第三轨供电也被广泛应用。轻轨车辆具有一定的通用性,不同供应商所提供的车辆只要供电和列车控制子系统相互兼容,基本上都可以在任何轻轨轨道上运行。由于其规模较大,标准轻轨在客运承载能力方面的效率处于中等水平。轻轨的乘客容量为 70(单体车辆)到 200(铰接车辆)名乘客。轻轨系统运量与线路的封闭程度密切相关。在混合交通中运行的轻轨,运量在单向每小时 500 ~ 4 000 人次之间,而在封闭线路运行并采用大容量的三辆铰接式列车的轻轨系统,其运量可达到单向每小时 15 000 人次。图 4.22 ~ 图 4.25 是国内外较典型的几个轻轨系统,轻轨特征参数如表 4.8 所示。

图 4.22　美国旧金山西门子 S200 轻轨车辆

图 4.23　波特兰 MAX 轻轨车辆

图 4.24　美国达拉斯 Kinki Sharyo 轻轨车辆

图 4.25　苏州中国中车轻轨车辆

表 4.8　轻轨特征参数

指　标	典 型 特 征
车辆尺寸	长:28 m　宽:2.6 m　高:3.3 ~ 3.8 m
车辆运输能力/最大运行速度	运输能力:185 名乘客 运行速度:85 ~ 105 km/h
编组方式	1 ~ 4 节列车编组
最小水平转弯半径	26 m
空载重量	44 000 ~ 50 000 kg
动力来源	架空供电网或第三轨供电
悬挂方式	钢轮钢轨
供应商	阿尔斯通(Alstom),庞巴迪,川崎重工(Kawasaki),近畿车辆株式会社(Kinki Sharyo),日立铁路意大利,日本车辆(Nippon Sharyo),西门子(Siemens),中国中车
应用场所	应用场所遍布全世界

4.4 胶轮路轨系统

胶轮路轨系统的特点是无人驾驶全自动化运行,专用路权,因此不受其他交通的干扰和影响;系统通过水平安装的导向轮和导向轨实现导向功能,有中央导向和侧向导向之分;可根据客流的变化组织行车,在近距离往返客运方面优势明显。

从运量和运营速度角度看,胶轮路轨系统适合在大型活动中心应用,如机场和市中心商业区。系统在自动无人驾驶的控制下运行,可以实现较小的行车时距,能减少乘客的等待时间。胶轮路轨系统的乘坐舒适度较好,允许大多数乘客站立,从而将乘客的乘坐效率提高到中等水平。车辆每边通常有两个较宽阔的车门,以利于乘客上下车。多数胶轮路轨系统采用两辆编组,不同供应商所设计的车辆结构各不相同,因此相互之间互不兼容。

通过轨道旁边的供电轨以 AC 480 V、AC 600 V 的交流电,或 DC 600 V、DC 750 V、DC 1 500 V 的直流电向列车供电。胶轮路轨系统的轨道为专用轨道,可以是高架、地面(有围栏或其他保护)或隧道模式。行车时间间距可以低至 90 s,但通常在 2~5 min。线路容量可高达 18 000 人每方向每小时。胶轮路轨系统的主要供应商包括日本三菱、加拿大庞巴迪、德国西门子以及中国中车。图 4.26~图 4.29 分别是新加坡樟宜国际机场的三菱 Crystal Mover 系统、慕尼黑机场的庞巴迪 Innovia APM 300 系统、北京首都国际机场的庞巴迪 CX-100 系统以及台北捷运的西门子 VAL 256 系统。表 4.9 是胶轮路轨系统的特征参数。

图 4.26　新加坡樟宜国际机场三菱 Crystal Mover 系统　　图 4.27　慕尼黑机场庞巴迪 Innovia APM 300 系统

图 4.28　北京首都国际机场 庞巴迪 CX-100 系统　　图 4.29　台北捷运西门子 VAL 256 系统

表 4.9　胶轮路轨系统特征参数

指　标	典　型　特　征
车辆尺寸	长:8.5~17.6 m　宽:2.1~2.3 m　高:2.9~3.9 m
车辆运输能力/最大运行速度	运输能力:34~155 名乘客 运行速度:40~100 km/h

续上表

指　标	典　型　特　征
编组方式	1~4 节列车编组
最小水平转弯半径	22~70 m
空载重量	7 300~24 000 kg
动力来源	第三轨供电
悬挂方式	胶轮或钢轮
供应商	庞巴迪,三菱,西门子,中国中车,日立铁路意大利,IHI Niigata,Schwager Davis Unitrak
应用场所	应用场所遍布全世界机场

4.5　缆索动力轨道交通系统

　　缆索动力轨道交通系统有两种模式,悬浮制式和车轮制式。由于采用缆索牵引系统,这种系统的长度通常不超过 4 km。采用完全自动化的无人驾驶技术,一般的运行速度为 30~50 km/h。牵引车辆的绳索分布在整条线路上,通过夹具连接车辆。大多数系统的夹具是固定在车辆上的,少数为允许切换的可释放夹具。对于固定夹具,绳索永远与车辆保持同步移动。绳索由动力室内的固定电动机驱动,通常位于线路的一端,回轮(通常也是给缆索提供张力的机构)位于另一端。

　　车轮制式的车辆走行部由橡胶轮胎或钢制车轮和空气弹簧悬挂装置组成,而悬浮制式的车辆走行部则采用气悬浮,导向功能通常由钢制导向横梁与水平安装的导向轮提供。列车编组内的车辆之间有些是相互隔离的,有些采用了贯通道,乘客可以在车辆之间移动。不同供应商所提供的这种制式的车辆走行部通常都是专门设计的,因此相互之间不可互换。

　　目前世界上缆索动力轨道交通系统最主要的供应商是 Doppelmayr Cable Car(DCC)和 Leitner-Poma,早期还有 Poma-Otis(已不再从事 APM 行业)。图 4.30、图 4.31 分别是苏黎世机场 Poma-Otis Skymetro 以及伯明翰机场 Doppelmayr Cable Liner Shuttle 缆索动力轨道交通系统。表 4.10 是缆索动力轨道交通系统的特征参数。

图 4.30　苏黎世机场 Poma-Otis Skymetro

图 4.31　伯明翰机场 Doppelmayr Cable Liner Shuttle

表 4.10　缆索动力轨道交通系统特征参数

指　　标	典　型　特　征
车辆尺寸	长:4.5~13.7 m　宽:2.1~2.9 m　高:3.3~3.7 m
车辆运输能力/最大运行速度	运输能力:15~40 名乘客 运行速度:32~48 km/h
编组方式	1~8 节列车编组
最小水平转弯半径	30~80 m
空载重量	12 250~24 000 kg
动力来源	缆索牵引,直线感应电机
悬挂方式	钢轮或气悬浮
供应商—应用场所	Poma-Otis—辛辛那提,底特律,东京成田机场,苏黎世机场,洛杉矶保罗盖蒂博物馆等 DCCDoppelmayr—拉斯维加斯,伯明翰,多伦多,墨西哥城

4.6　单轨交通系统

该系统分为跨座式和悬挂式,车辆在专用的轨道梁上运行,可以实现无人驾驶。按照运量和列车尺寸的大小分为小型、中型和大型。小型、中型、大型单轨车辆之间的区别在于车辆尺寸的大小。由于车轮使用橡胶轮胎,因此比钢轮钢轨制式的系统更安静。不同供应商的单轨系统设计结构相差很大,相互之间不能互换。系统的电力供应由位于轨道梁侧面的第三轨提供,小型系统供电电压一般为 AC 480~600 V,中、大型系统的供电电压一般为 DC 750 或 1 500 V。

单轨系统的特殊之处在于需要铺设单独的、专用的轨道梁,因此通常以高架的形式铺设,尤其是悬挂式单轨。少量的跨座式单轨的轨道梁铺设在地面(通常在矮柱上)或隧道中。轨道梁的优点是占用空间少,对线路沿线采光的影响很小。单轨既可以自动化运行,也可以有人驾驶,运行速度在 40~90 km/h 之间,通常小型单轨系统运行速度为 40~50 km/h,中大型单轨运行速度为 70~90 km/h。单轨系统的行车时距最小可以实现 2 min,列车容量最小的仅为 15 人,最大则达到 600 人。单轨系统的运量在单向每小时 1 200 到 20 000 人之间。小型单轨系统适用于客流需求较低的地区,如医院、停车场和游乐园等,中型单轨可以作为城市轨道交通系统的支线使用,大型单轨则可以作为城市轨道交通网络的主干线。

1. 中型单轨系统

中型单轨系统多数为跨座式,列车由多节车辆组成,车辆之间有贯通道,允许乘客在车辆之间行走。由于承载轮胎处于地板的下方,导致车辆的高度较高。一个例外是,著名供应商庞巴迪公司的单轨车辆(见图 4.32),通过轻量化设计,使得车辆高度较低并拥有相对较低的单位重量。但庞巴迪公司的车辆之间没有贯通道,乘客不能在车辆间穿行。日本日立的单轨技术和单轨车辆(见图 4.33)曾出口到阿联酋迪拜、马来西亚吉隆坡、新加坡等地。庞巴迪和日立原型的单轨车辆的宽度和容量在中型单轨车辆中是偏小的。马来西亚 SCOMI 公司的单轨列车(见图 4.34)以早期西雅图的单轨列车为基础进行重新开发,但该公司近年来财务不佳,面临破产清算。中国中车单轨技术主要源于对日本日立技术的引进,在中国境内建立了自己的生产线,经过多年的建设运营和自主研发,已基本实现了国产化。中国中车新一代中型单轨系统的列车可采用 4 辆、6 辆和 8 辆编组(见图 4.35)。

图 4.32　庞巴迪 Innovia Monorail 300

图 4.33　日本湘南单轨三菱 5000 系

图 4.34　马来西亚吉隆坡单轨系统 SCOMI

图 4.35　中国中车新一代中小型单轨车辆

表 4.11　中型单轨系统特征参数

指　标	典　型　特　征
车辆尺寸	长:37 ~ 42 m　宽:2.5 ~ 3.0 m　高:3.4 ~ 4.7 m
车辆运输能力/最大运行速度	运输能力:220 ~ 300 名乘客 运行速度:60 ~ 80 km/h,0.25 平方米/每人
编组方式	1 ~ 2 节列车编组
最小水平转弯半径	40 ~ 53 m
空载重量	37 500 ~ 64 000 kg(八转向架车型),60 000 kg(五转向架车型)
动力来源	第三轨供电
悬挂方式	橡胶轮胎
供应商—应用场所	庞巴迪—拉斯维加斯 日立—圣淘沙,新加坡,纳哈,日本 马来西亚单轨—吉隆坡(Monoral Malaysia-Kuala Lumpur) 西门子—杜塞尔多特,德国 三菱—日本千叶

2. 大型单轨系统

与中型单轨类似,大多数投入运用中的大型单轨车辆是跨座式车辆,结构上与中型单轨车辆相似,只是拥有更大的容量和通行能力。大型单轨系统的线路通常为高架,可以在车站直接登车。大型单轨系统的设计也是专有的,通常不能与其他单轨系统互换。由于系统全封闭运行,很容易实现自动驾驶。尽管大多数大型单轨车辆都带有自动列车保护系统(ATP),或自动列车运行系统(ATO),但出于安全考虑,每列列车上还是配备了一个司机。图 4.36 ~ 图 4.39 分别是日本东京、多摩、北九州以及中国重庆的单轨系统。

图 4.36 日本东京单轨日立 2000 系

图 4.37 日本多摩都市单轨 1000

图 4.38 日本北九州单轨

图 4.39 中国重庆 3 号线单轨

表 4.12 大型单轨系统特征参数

指　　标	典　型　特　征
车辆尺寸	长:43 ~ 47 m　宽:2.9 ~ 3.0 m　高:5.1 ~ 5.2 m
车辆运输能力/最大运行速度	运输能力:315 ~ 345 名乘客 运行速度:60 ~ 80 km/h
编组方式	单节或两节列车编组
最小水平转弯半径	70 m
空载重量	93 000 ~ 102 000 kg
动力来源	第三轨供电
悬挂方式	橡胶轮胎
供应商—应用场所	日立—日本北九州、大阪、多摩、东京,中国重庆

4.7　中低速磁悬浮系统

中低速磁悬浮技术已经基本成熟,但该系统的设计往往是专有的,即磁悬浮技术相互之间不兼容,不可互换。目前,中低速磁悬浮系统供应商有日本 CHSST、中国中车和韩国现代罗特姆公司等。2005 年 3 月 CHSST 在日本名古屋开设全世界第一条投入商业运用的中低速磁悬浮线路——爱知县东部丘陵线。中国中车于 2016 年和 2017 年相继开设长沙磁浮快线以及北京地铁 S1 线两条中低速磁悬浮线路,长沙磁浮快线是中国首条采用国内自主研发技术的磁悬浮列车,线路长 18.55 km,在长沙黄花国际机场和长沙火车南站之间运行。其车辆由中国中车制造,设计速度可达 120 km/h,但目前它的最高时速为 100 km;北京地铁的 S1 线采用中低速磁悬浮技术,列车由中国中车制造,最高时速为 80 km。韩国仁川机场磁悬浮线,由韩国机械和材料研究所和现代罗特姆公司共同开发,运行速度为 110 km/h。

通常磁悬浮车辆沿着位于车辆下方的轨道运行,安装了吸力的磁悬浮悬挂装置的走行部位于车辆底部。走行部与铁路机车车辆转向架类似,由四个用于悬浮和导向的电磁铁,一个驱动用的直线电机和一个制动系统组成。磁悬浮悬挂装置的电磁铁通过吸力使车辆悬浮和导向。悬浮间隙通过控制电磁铁的励磁电流来调节。正常运行时,中低速磁悬浮系统的悬浮间隙通常在 8 mm 左右。

已经开发成功的中低速磁悬浮交通系统的运行速度是 60～120 km/h,由直线感应电机(Linear Motor)驱动。该系统的特点是在车站登车,列车车辆之间设计有"贯通道",允许乘客在车辆之间移动。多数中低速磁悬浮列车的司机位置上安排了一名司机,但是实际上列车可以完全在 ATO 控制下工作。典型的中低速磁悬浮列车可搭载 60～100 名乘客,运行一列 4 节编组的列车的线路输送能力可达 12 000 pphpd(单向最大高峰小时客流量)。图 4.40～图 4.43 分别是日本名古屋磁浮线、中国长沙磁浮快线、韩国仁川机场磁悬浮线、中国北京地铁 S1 线。表 4.13 是中低速磁悬浮系统特征参数。

图 4.40　日本名古屋磁浮线

图 4.41　中国长沙磁浮快线

图 4.42　韩国仁川机场磁悬浮线

图 4.43　中国北京地铁 S1 线

表 4.13   中低速磁悬浮系统特征参数

指　标	典 型 特 征
车辆尺寸	长:43 m　宽:2.6 m　高:3.2 m(HSST) 长:48 m　宽:2.8 m　高:3.7 m(中国中车)
车辆运输能力/最大运行速度	运输能力:290 名乘客(HSST)363 名乘客(中国中车) 运行速度:60 km/h(HSST)100 km/h(中国中车)
编组方式	1~3 节列车编组
最小水平转弯半径	50 m
空载重量	53 500 kg(HSST),63 000 kg(中国中车)
动力来源	第三轨供电
悬挂方式	磁悬浮
供应商—应用场所	CHSST—日本名古屋 现代罗特姆公司—韩国仁川机场 中国中车—长沙磁浮快线、北京地铁 S1 线

4.8   地 铁 系 统

地铁是在城市中修建的快速、大运量、电力牵引的轨道交通。列车在全封闭的线路上运行,位于中心城区的线路基本设在地下隧道内,中心城区以外的线路一般设在高架桥或地面上。地铁是涵盖城市地区各种地下与地上的路权专有、高密度、高运量的城市轨道交通系统(Metro),有些国家和地区把地铁称之为"捷运"(Rapid Transit)。地铁是路权专有的、无平交,这也是地铁区别于轻轨交通系统根本性的标志。

绝大多数的地铁系统都是用来运载市内通勤的乘客,而在很多场合下城市轨道交通系统都会被当成城市交通的骨干。通常,城市轨道交通系统是许多都市用以解决交通堵塞问题的方法。地铁在许多城市交通中已担负起主要的乘客运输任务,北京地铁是世界上最繁忙的地铁之一,最大日客流量曾达到 1 327.46 万人次;莫斯科地铁的日均客流量达到 800 万人次,地铁担负了该市客运总量的 44%;巴黎地铁的日客运量也超过 1 000 万人次;纽约地铁日客运总量已达到 2 000 万人次,占该市各种交通工具运量的 60%。香港地铁总长虽然只有 43.2 km,但它的日客运量高达 220 万人次,最高时达到 280 万人次。

地铁的特点是节省土地,减少噪声,节约能源,减少污染,能避免城市地面拥挤,充分利用空间,同时运量大、准时、速度快。

地铁的供电方式有两种,第三轨供电和接触网供电。接触网供电的架空接触网只有导线的一个电极,地铁车辆通过受电弓取电,再通过金属轮轨回流到电网中。第三轨供电是在原有两轨路线的一侧新增带电轨道,地铁车辆则利用集电靴获得电力;电流经车轮和轨道回到发电厂。第三轨供电的架空接触网受到隧道净空的限制比较大,在城市地铁的运用当中会受到土建成本的压力。另外,架空接触网可能会使部分人产生视觉—心理障碍,对景观造成一定的负面影响。第三轨供电有利于缩小隧道断面,因此已有的地铁系统中,第三轨供电仍然占有较大的份额。但是第三轨会有触电的风险,只能用在封闭路线之处,因此不适合用在与其他交通路线相交的线路系统中。另外,第三轨供电的集电靴易于脱离供电轨,会形成电弧。

城市轨道交通系统的运营方式主要分为三种:①由政府或自治团体来营运,被称为公营,在中国大陆较常见;②由民营企业营运,即民营,在亚洲除中国外的国家较常见;③由公营团体出资,民营企业经营。地铁列车的运行间隔被设定 10 min 以下。莫斯科在交通尖峰时段达到每隔一分钟就有一班次。世界绝大部分的地铁交通系统从早晨四点营运到凌晨零点。通常于早晨 4 点至 7 点发首班车,晚上 10 点至凌晨 1 点发末班车。也有少数城市的地铁 24 小时运营,如美国芝加哥和纽约地铁。

在世界范围内有很多地铁车辆制造商,比较知名的有法国阿尔斯通集团,庞巴迪运输集团(已与阿尔斯通合并),西班牙贝阿萨因的 CAF,中国中车(CRRC),日本日立铁路公司,韩国现代罗特姆,日本川崎重工,日本 Nippon Sharyo,德国西门子交通集团,西班牙 Talgo 等。

一般而言,世界各地地铁车型没有统一的标准,往往是按照某个地方的地铁所需量身定制,比如英国伦敦地铁维多利亚线的车辆(见图 4.44),纽约地铁的 A 系统和 B 系统车辆(见图 4.45)都属于定制。日本和中国则制定了相对严格的地铁车辆的标准化规范。日本东京地铁车辆(见图 4.46)最具代表性,而在中国,地铁车型被分为 A、B、C 三种型号(见图 4.47 ~ 图 4.49)以及 L 型,其中 A、B、C 车型的技术参数如表 4.14 所示。L 型车在 4.9 节介绍。

图 4.44　英国伦敦地铁维多利亚线车辆

图 4.45　美国纽约地铁车辆

图 4.46　日本东京地铁车辆

图 4.47　中国地铁 A 型车辆

图 4.48　中国地铁 B 型车辆

图 4.49　中国地铁 C 型车辆

表 4.14　地铁系统特征参数

	典 型 特 征
车辆尺寸	长度:15 ~ 24 m,宽度:2.6 ~ 3.0 m,高度3.1 ~ 3.8 m
车辆运输能力/最大运行速度	220 ~ 310 名乘客 90 ~ 120 km/h
编组方式	2、4、6 列车编组
水平面最小曲线半径	150 ~ 300 m
空载重量	14 700 ~ 30 500 kg
动力来源	第三轨供电或架空供电网
垂向支撑方式	钢轮钢轨
供应商—应用场所	包括中国中车在内的欧洲和亚洲的轨道交通装备制造商——世界各大主要城市

4.9　直线电机运载系统

直线电机运载系统(直线电机轮轨车辆),即中国 L 型车,如图 4.50 所示。其主要特点有:
①初级放置于车辆上,车载牵引变流器由受电弓或受流靴通过接触网或接触轨进行供电;
②次级为复合型,铺设于轨道上,结构简单、造价低;
③采用接触轨供电时,运行速度受到限制。

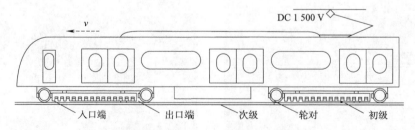

图 4.50　直线电机运载系统车辆原理

直线电机轮轨车辆中,直线电机的初级悬挂于转向架上,一辆车安装两台电机,由一个变压变频型(Variable Voltage and Variable Frequency, VVVF)逆变器供电,形成"车控"的形式。直线电机轮轨车辆的支撑和导向采用传统轮轨系统,仅牵引采用直线电机驱动。

根据冷却方式,所用的直线感应电机分为自然风冷和强迫风冷两种形式,如图 4.51 所示。

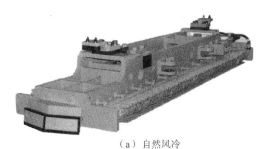 

（a）自然风冷　　　　　　　　　　　　　　（b）强迫风冷

图 4.51　自然风冷与强迫风冷直线感应电机

强迫风冷类型的直线感应电机,采用"低电压、大电流"的准则设计与驱动,质量和体积较小,具有较大的功率密度。但是,需要另加风机和风道,以及辅助变流器模块来提供电源。自然风冷类型的直线感应电机,采用"高电压、小电流"的准则设计与驱动,质量和体积较大,因此功率密度略小。但是,整个系统简单、方便维护。

直线电机轮轨车辆的缺点也很明显,即直线感应电机较低的效率和功率因数。该电机效率在70%~80%之间,牵引能耗比同等水平的旋转感应电机高10%~20%。这主要是由于直线感应电机气隙较大,根据线路状况通常设置在9~12 mm之间,加之纵向边端效应的影响,使得电机性能略低。

目前,在温哥华、蒙特利尔、多伦多、东京、大阪、吉隆坡、纽约、北京、广州等十多个城市修建了直线电机运载系统,已投入运营的线路超过了100 km,一些新线正在建设之中。直线电机车辆在这些城市的运营体现了振动小、爬坡能力强、转弯半径小、运行平稳、维修少、安全性能好等诸多优点,非常适合大中城市大中运量交通发展的要求。

直线电机运载系统的制造商包括加拿大庞巴迪、日本川崎重工、中国中车等。加拿大庞巴迪研制的车型包括 MK Ⅰ 型、MK Ⅱ 型车辆(见图 4.52 和图 4.53),日本川崎重工研制的标准车型有12 m、16 m、20 m 等车型。图 4.54、图 4.55 分别是日本神户海岸线车辆和大阪 7 号线车辆。中国中车研制的直线电机运载系统车型包括 L_b 型车辆(见图 4.56)、L_c 型车辆以及非标车型(见图 4.57)。表4.15 是直线电机运载系统的特征参数。

图 4.52　庞巴迪 MK Ⅰ 型车辆　　　　　　　　图 4.53　庞巴迪 MK Ⅱ 型车辆

图 4.54　日本神户海岸线车辆

图 4.55　日本大阪 7 号线车辆

图 4.56　广州地铁四号线车辆

图 4.57　北京机场线车辆

表 4.15　直线电机运载系统特征参数

	典 型 特 征
车辆尺寸	长度:12 ~ 20 m,宽度:2.5 ~ 3.2 m,高度 3.1 ~ 3.8 m
车辆运输能力/最大运行速度	106 ~ 243 名乘客/90 ~ 110 km/h
编组方式	2、4、6 列车编组
水平面最小曲线半径	35 ~ 60 m
空载重量	14 700 ~ 30 500 kg
动力来源	第三轨供电或架空供电网
垂向支撑方式	钢轮钢轨
供应商—应用场所	庞巴迪运输——温哥华 Expo 线、马来西亚吉隆坡 PutraII 线、美国纽约 JFK 线 日本川崎重工——东京 12 号线、大阪 7 号线、神户海岸线 中国中车——广州地铁 4、5、6、7 号线,北京机场线

4.10　个人捷运系统

个人捷运系统(Personal Rapid Transit,PRT),其主要特色为使用具有 2~6 人容量的小型车辆,通过自动化控制,在复杂的路网中运行,并经由岔道转出进入主线运载乘客。美国先进运输协会给出了一系列表征 PRT 系统特征的描述,主要包括"全自动无人驾驶的小型车辆(通常是 1~6人);专用的轨道系统;轨道可设置于地上、地面或地下;使用离线车站;车辆运行过程中无须换乘和中转;能为乘客提供即时、全天候、门到门服务。

PRT 的目标是提供相当于私人汽车体验的、个人化、定制化、私密化的、旅客运输服务。PRT 技术目前还没有大规模商业化运营,但英国 Heathrow 机场 PRT 系统(见图 4.58)、阿联酋 Masdar 系统、美国摩根敦 PRT 系统(见图 4.59)、印度 Amritsar 系统、韩国顺天市线(见图 4.60)等已有运营业绩。全球范围内具备 PRT 基础技术的公司主要有英国 Ultra、荷兰 2getthere、Vectus 等。国内目前有成都天府国际机场已确定建立 PRT 运营线。

图 4.58　英国 Heathrow 机场 PRT 系统

图 4.59　美国摩根敦 PRT 系统

PRT 系统的车辆内部空间较小,因此入口和出口的高度有限,但大多数情况下轮椅都可自由进出。由于车辆结构形式和轨道几何参数(大坡度和小半径)的限制,PRT 车辆的运行速度有限,一般在 32~48 km/h。车辆由电力驱动,可通过电池供电(在站台等待时可给电池充电),也可通过第三轨供电。驱动电机既可以是常规感应电动机,也可以是直线感应电动机。PRT 采用自动驾驶,因此需要具有自动导向能力的轨道,轨道通常为高架,并通过围栏/障碍物来保障其专用路权,或者也可以铺设在隧道中。

图 4.60　韩国顺天市 PRT 系统

　　乘客上车后,在车辆出发前选择他们想要去的目的地,这些信息以电子方式发送至中央控制中心,该中央控制系统指引车辆通过最短的不间断路线将乘客送到目的地。除了向车辆提供定向指挥之外,中央控制系统还控制空车的管理,并确保车辆之间不会发生碰撞。仿真结果表明,由于可以采用较短的行车时距,PRT 系统的最大运量可以达到每小时数千名乘客的系统容量。PRT 拥有非常令人感兴趣的未来潜力,但在非网络化应用(如大型枢纽机场)中,例如,如果只是在两点之间运送乘客时,PRT 系统的优势并不明显。此外,与乘客大多独自旅行的城市内交通环境不同,机场地面交通常常遇到含五人以上的团队旅行的乘客,PRT 系统狭小的车内空间可能会令这些群体感觉很麻烦,因而不具有吸引力。

小　　结

　　系统技术分析是机场 APM 系统规划中必不可少的一个环节,不仅是设备选型和确定设备规模的重要依据,还是确定运营管理模式和维修方式的基本条件。技术制式的选型关系到多个专业的设计、选型,同时对环境、运营服务水平和工程投资等都有不可低估的影响。结合我国地面交通技术的发展现状,本章对自动人行道(包括常规和加速自动人行道),巴士(包括常规、快速、导向巴士),有轨电车(包括老式与新式),轻轨交通,胶轮路轨系统,缆索动力轨道交通系统,单轨(包括悬挂式和跨座式),中低速磁悬浮,地铁(快速铁路),直线电机轮轨交通系统等进行了技术分析。

第5章 | 机场 APM 系统技术制式选型决策方法

通过第 4 章的技术分析,可以初步得到机场 APM 系统的备选技术制式集合,最佳的技术制式将从这一集合中产生。根据国外经验,从备选技术制式集合中选择最佳的技术制式一般是采用直观比较的方法。提取不同技术制式与 APM 系统规划相关的各种技术参数、特征,如列车的运营速度、对景观的影响等,作为考虑因素,考察各种技术制式是否适用于机场 APM 系统,淘汰不适用的技术制式。

这种方法主要依赖于专家团队的主观判断,因此专家对不同 APM 技术的了解程度,对机场 APM 系统功能的预期,对机场 APM 系统与机场之间关系的认知水平,参与项目决策的动机,对供应商的熟悉程度等都会影响专家的决定。尽管具有简单易行、成本低廉的优点,但是缺少客观性和科学性。实际上,从备选技术制式集合中选择最佳的技术制式是一个经典的多属性决策问题,可以借助于多属性决策原理和方法,建立严谨的数学模型来求解,能有效提高筛选过程的客观性和科学性。

本章将结合实际案例对这两种方法进行探讨。

5.1 技术制式筛选的直观比较法

5.1.1 筛选方法

直观比较方法包括制定筛选标准与评价分析两个环节。筛选标准与机场 APM 系统的建设目标紧密结合,因此不同机场所制定的筛选标准相互之间有很大的差异。常用的方法是表格法,即以各种技术制式为行,各个筛选标准为列,制作筛选表格,如表 5.1 所示,并按照如下的三条规则在相应的空格中填入不同的符号:

(1)候选技术制式可能符合标准,一般用符号"●"表示;

(2)候选技术制式可能符合标准,但是不确定,需要调研更多的技术数据和信息之后才能进一步确定,一般用符号"▲"表示;

(3)候选技术制式不可能符合标准,一般用符号"■"表示。

表 5.1 技术制式筛选表格

考虑因素	技术制式 1	技术制式 2	技术制式 3	技术制式 4	技术制式 5
考虑因素 1	●	▲	●	■	●
考虑因素 2	●	■	■	▲	▲
考虑因素 3	■	▲	▲	●	▲
考虑因素 4	■	●	▲	●	●
考虑因素 5	▲	■	■	●	●

再根据每一种技术制式所获得的三种符号的状况确定其是否适用于机场 APM 系统。

5.1.2　筛选所考虑的因素

技术筛选一般从四个方面展开，包括性能因素、服务水平因素、环境因素以及成本效益因素。

1. 性能因素

性能因素包括容量、速度、线路几何参数、扩建能力、自动化水平、技术成熟度等。

1）容量

系统必须至少能够提供足够的容量来满足各方向的小时高峰客流需求。同时，系统运量应该可以灵活调整，以最低的运营成本满足日常运行计划和不同时期的运量需求，包括高峰期、非高峰期、夜间、特殊时期等。

2）速度

系统必须能够以合理的速度运行，具有乘客满意的行程时间。车辆运行速度，车站间距以及导轨/轨道的封闭程度等对实际的运行速度有着重要的影响。对于大型枢纽机场，一般要求运行速度在 40～60 km/h 之间，也可以更高。通常速度越高，乘客满意度越好。

3）线路几何参数

系统线路应能够适应机场的地形、地貌，不会对当前已有和计划开发的设施项目造成不当干扰。要考虑系统的性能与线路几何形状之间的约束关系。对于线路在水平面的约束主要通过最小曲线半径以及与相邻设施的最小间隙的限制来衡量。对于线路竖曲线的约束，主要通过最大坡度和最小垂直曲线半径来衡量。其他的约束还包括结构高度、车站特殊的空间要求以及维护设施所需占用的空间等。

某些系统（如中低速磁悬浮系统和单轨系统）最小曲线半径偏大，有些系统的道岔等装置体积过大，都会限制系统的适应性。另外，与典型的胶轮路轨系统相比，单轨系统通常需要较长的站台。

4）扩建能力

如果需要，系统应该可以在初期项目建设的基础上，以经济、高效的方式扩建。扩建的同时不会对已经建成运营的系统造成严重干扰。这通常意味着系统具备可以通过增加列车数量来扩大系统运能的潜在能力。

5）自动化水平

有些备选制式可以在没有司机的情况下完全自动运行，有些则是人工驾驶的。全自动系统可以降低操作和维护成本，同时可以保证操作的灵活性并增加安全性。绝大多数机场 APM 系统都需要长时间持续运行，因此全自动化运行尤为重要。

常规巴士和快速巴士系统不能全自动化运行。现代有轨电车可以实现自动化，但不推荐在老式有轨电车上安装自动化列车控制系统。尽管 LRT 系统在运行于地面轨道时不易实现自动化，但在单独路权专用车道中运行时，是可以实现自动化的。

6）技术成熟度

是否可以在最少的资金、技术投入的条件下实施，且风险可控，是衡量一项交通技术成熟度的简单标准。在选择系统时，评估与该系统相关的技术发展状态和实施风险非常重要。风险可以通过参考在类似的项目中,经过验证的服务年限、当前运行的系统数量、运营系统的可靠性和安全记录以及技术供应商的经验等因素来确定。建议参考已经运行服务了至少两年的系统。例如,尽管英国希思罗机场的 ULTra 试点项目已经取得应用经验,但 PRT 作为一类交通技术,其成熟度仍然存在一定的风险,因为投入应用的系统太少,而处于研制阶段的系统又在技术上各不相同,互不兼容,一旦出现技术障碍或商务纠纷,无法及时找到替代系统。

2. 服务水平因素

系统提供的服务水平有以下几项指标(包括但不限于):乘坐舒适性、乘客出行时间、步行距离、易用性、服务频率和乘客等待时间。筛选的原则是提供最佳服务水平,即尽量减少乘客出行时间并尽可能提供最佳乘坐舒适性。

影响服务水平的因素还有一些潜在的无法量化的指标,即乘客对服务水平的感觉,例如对 APM 系统与机场无缝连接的程度以及对进入机场是否便利的感知等。

1) 行程时间

系统的行程时间应满足乘客的期望,限制在一个范围内,并能长久地维持。等待时间随着行车时距的变化而变化。行程时间及其稳定性对吸引乘客很重要。行程时间是车站等候时间(取决于列车发车频率)和列车行驶时间的函数,主要取决于列车速度、车站间距、进出车站的路线条件等。

2) 行车时距

通常机场乘客在使用 APM 系统时都期望行车时距越短越好,可以尽量缩短等待时间。多数机场 APM 系统的行车时距少于 2 min。为了满足服务水平的要求,避免乘客在车站等待的时间过长,即使是在一天中的客流低谷时段,行车时距也不能过大。

最小行车时距受技术制式和行车指挥自动化程度的影响,确定每一种技术制式能够实现的行车时距,需要进行深入的分析。已经建成的机场 APM 系统中,行车时距通常控制在 2 ~ 3 min。行车时距还受在系统上运行的列车数量以及列车绕其路线完成一个循环所需时间(往返时间)的影响。

3) 安全性

该系统必须符合中国主要的法规和标准以及适用于管理机构的所有安全和安保要求。此外,为了保证安全运行所需付出的经济成本不能高出预期。候选系统都应在专用路权的线路范围内运行,不能与其他道路交通存在潜在的相互干扰,同时可以保护相对弱势的行人和社会车辆免受伤害。

4) 可靠性和可用性

系统必须具有非常高的可靠性(以平均故障间隔时间来衡量),以及由此产生的可用性(以全系统可正常运行的时间占全部运行时间的百分比来衡量),并以此来提供吸引乘客所需的服务水平。推荐的可使用率应在 99.5% 以上。除 PRT 系统以外,其他候选系统的可靠性都可参考运营线路来确定。由于非专有路权,常规巴士的可用性较低,而老式有轨电车则可能需要更多的维护工作来实现所需的可靠性。

5) 机场体验

系统应能使乘客产生积极的"机场体验",这有助于留住现有乘客,并通过口口相传吸引新乘客来提高机场 APM 系统的运用效率。

6）与机场的接口

与机场的接口是陆侧 APM 系统规划和设计中的一个独特问题，即如何从轨道交通乘客很自然地转换成机场的航空乘客。机场的环境与普通的轨道交通车站的环境有很大的不同，从轨道交通车站下来进入机场的乘客会有一种突兀的感觉，陆侧 APM 系统的规划应尽力消除这种突兀感。

开放式的站台以及保持同机场一样的候机环境和服务水平有助于缓解这一问题，例如设计带有空调的站台，便利的设施，更显著的安全性等。通过适当的空间设计、材料布局以及各种标志，使乘客可以从 APM 系统内看到机场的"入口"，有助于乘客感知自己已经"进入"机场。

7）乘客流动便捷性

机场 APM 系统应便于乘客的流动，车站与机场区域之间能够布置合理的垂直电梯与自动扶梯。垂直电梯可将乘客直接从机场带到高架或地下的车站，尽量避免穿过轨道和道路。站台地板高度应与车辆地板接近同一高度，便于上下车。连接机场与 APM 系统之间的走廊、车门、垂直电梯以及车内和站台的尺寸应适应携带大件行李的乘客。

8）整体形象

机场 APM 系统向用户提供的技术和服务的整体形象应与机场形象保持一致，所选择的系统应该具有吸引乘客的设计，并且在未来能够提供可靠、安全和高效的服务。

9）技术的适应性

系统必须被认为适用于该机场的地面交通，效能的发挥恰到好处，运能既不能短缺也不能过剩。线路布局，需要步行的距离和时间等都要匹配机场的服务水平。

3. 环境因素

APM 系统应与机场及周边地区的环境相融合，不能产生令人反感的噪声或其他污染物，尤其是不能产生空气或水质量问题。一般而言，使用内燃机的快速巴士比采用电力驱动的系统产生更多的空气污染，但清洁能源引擎有助于解决这个问题。常规巴士等对区域内的地面交通系统影响较大，并且对空气质量也有一定的影响。如果使用内燃机的系统在地下隧道线路中运行，隧道通风将是一个非常重要的问题。另外，系统的路线几何形状应可以设计成与机场空间融合与协调成的形式。

1）可接受的噪声或振动水平

APM 系统不应对周边地区造成令人无法接受的噪声或振动水平，特别是在居民区。对于地面或高架系统，在各种限定状态下，昼间噪声不得超过 70 dBA 和夜间噪声不得超过 55 dBA（GB 3096—2008）。JGJ/T 170—2009 规定城市轨道交通列车运行引起沿线建筑物振动的频率范围为 4～200 Hz。

噪声/振动水平在这些技术上都没有问题，因为它们经常与机场固定设施连接。但是有些系统有可能产生不可接受的噪声或振动，特别当采用钢轮技术时。一些新型系统可以设计得相对安静，如中低速磁悬浮系统。

2）视觉适应

该系统沿着路权专用的车道，应与城市/机场结构以及目前和未来的具体发展相适应，不应在车辆设计、导轨设计、车站和维修设施设计中造成不可接受的物理和视觉影响。机场环境中存在悬空悬挂的交通系统在视觉上是不可接受的,路线的两端都完全在地下是没问题的。

3)避免其他影响

机场 APM 系统尽可能使环境受益。可能受到影响的设施包括对附近的道路交通和地面停车场等,例如常规巴士等地面交通系统通常会具有较高的交通影响。如果不能更多地了解系统,就不可能完全评估这些影响的大小。

4. 成本效益因素

1)资金成本

机场 APM 系统初期的建设和运维成本必须在可用的预算范围内,并且任何的扩建成本也应处于合理的范围之内。一般而言,系统的资金成本将随着线路结构形式(高架、地下隧道或地面铺设)、地理条件、线路长度、建筑物结构、列车的数量规模等的不同而变化。在评估时,占比最大的线路方案的成本一般可以使用每种技术制式的平均成本。巴士系统,特别是在现有道路上运行的常规巴士,与导向巴士、有轨电车、轻轨、胶轮路轨,甚至 PRT 相比,总建设成本要低得多。采用架空供电网供电的系统(如导向巴士、电车和轻轨系统等),其隧道尺寸和基础设施的规格提升,会导致成本增加,相比之下,路面铺设的胶轮路轨系统更具有经济性。此外,地下铺设的单轨系统具有更大的垂直高度,会显著增加所需的隧道直径,从而增加大量的资金成本。

2)运营维护成本

运营维护必须考虑成本效益。在某种程度上,通过系统运营产生的收入,包括命名权,车内、车外广告等,可能会收回部分成本。在评估时,必须确定可用于运营和维护费用的资金来源,判断是否充足。由于运营维护成本会随着各种技术制式具体运营计划的不同而变化,因此只能根据该技术制式在其他已经建成的系统中的应用经验作为参考,在评估中可以引用单位成本。

尽管自动化运行可以减少司乘人员的劳动力成本,但如果运营密度更高,例如每周运行七天,每天三班时,运行控制的人力成本可能就非常高了。相反,虽然非自动化系统的司乘人员劳动力成本较高,例如,常规巴士、BRT、导向巴士、有轨电车和轻轨等,但其他成本会较低。总之,总的运维有着一些不确定影响因素,取决于未来的运营和服务水平。

3)与机场设施集成的系统的效率

无论是在施工期间还是在完工后,最大的技术挑战之一都是将 APM 系统整合到运营中的机场。某些 APM 技术制式的特点要求其自身设施和相邻机场设施进行关联设计,可能导致成本增加,造成车站或隧道断面等的大型化。有些技术制式与其他候选系统有着明显不同的要求,例如悬挂式单轨,其车站可能需要特殊的结构设计才能集成到机场设施中。某些情况下就可能会导致该系统不适合该项目。

5.2　直观比较法筛选实例

表 5.2 是美国达拉斯拉夫菲尔德机场在进行 APM 系统规划时,以上述四个方面的考虑因素为基准,对常规自动人行道、加速自动人行道、常规巴士、BRT、导向巴士、有轨电车、LRT、PRT、自牵引式胶轮 APM、缆索动力 APM、单轨系统、中低速磁悬浮等各种制式的技术分结果。

由机场技术与管理人员、咨询公司专家以及其他专家和顾问所组成的决策委员会对这一结果进行了解读:

(1)常规自动人行道有三个典型的缺点:其一是线路越长可靠性越低,沿着长度方向的任何位置的部件故障都会导致整个系统的关闭;其二是与其他车载交通方式相比,存在着旅行环境较差的问题。无论外界天气环境如何,车辆都可提供一个稳定舒适的车内环境,而采用露天轨道的自动人行道无法实现这一点;其三是与其他交通系统相比,自动人行道速度太低——为了能够使乘客安全地上下自动人行道,通常使自动人行道的行驶速度保持在 30 ~ 40 m/min,这比正常步行速度还慢。加速自动人行道仅仅比常规自动人行道的运行速度有所提升,其他方面则没有任何变化,且建设成本成倍增加。

(2)常规巴士有四个方面的缺点:其一是使用内燃机的巴士在隧道中运行,需要进行额外的空气环境调节,增加了维护费用;其二是常规巴士很难实现低地板,对于航空乘客将不得不携带大件行李上下台阶;其三是很难实现自动驾驶,人力成本偏高;其四是常规巴士对机场景观有一定的负面影响,国外曾做过的问卷调查表明,大量的常规巴士频繁出现在机场入口,形成了相对较差的形象。

(3)BRT 的车辆尽管是运行在路权专用的车道内,但在隧道内运行的 BRT 会产生很大的噪声。同时,除非采用导向技术,否则将需要更大的隧道断面以适应正常的路线驾驶的要求,这既会增加建设成本也会对机场的景观产生负面影响。BRT 车辆无法实现自动驾驶,且只有少数 BRT 车辆实现了低地板。

(4)导向巴士与有轨电车作为机场地面交通工具同样会对机场的景观产生一定的负面影响。由于接触网系统的存在,导向巴士需要更大的隧道基础设施,这导致成本增加。只有部分导向巴士实现了低地板,也无法实现自动驾驶。

(5)LRT 属于大运量系统,用于空侧 APM 系统明显运能过剩。LRT 也采用接触网系统,会增加隧道基础设施的规模和成本。只有部分轻轨车辆可以实现低地板。LRT 可以在专有路权的轨道上实现全自动化无人驾驶运行。

(6)单轨系统具有截面积较小的轨道梁,因而对机场景观的影响较小。但是跨坐式方式导致车、轨断面较大,需要扩大隧道直径,增加建设成本。目前单轨系统在机场 APM 中的应用主要是悬挂式单轨方式。

(7)PRT 并不是一项成熟的技术,需要承担一定的技术风险。PRT 更适合于网络化运输,而不是在双站之间来回穿梭。另外,PRT 车辆较小,运量不易提高。

(8)自牵引式胶轮 APM 和缆索动力 APM 都具备低噪声、无污染的特点,车辆可以设计成低地板,有助于实现与机场的无缝连接,因此非常适合于机场。很多机场已经采用这种技术,因此航空旅客的接受度较高。这两类系统也都可以实现自动化运行,运营和维护成本较低,同时可以适应较小的隧道直径,建设成本也偏低。

(9)中低速磁悬浮系统方兴未艾,可以为机场呈现一个非常时尚、未来主义和高科技形象。其所具备的低噪声、无污染特点非常适合于机场。磁悬浮车辆可以设计成低地板,有助于实现与机场的无缝连接。磁悬浮系统可以实现自动化运行,从而降低运营和维护成本。该系统也可以适应较小的隧道直径,因此可以降低建设成本。

根据上述技术比较的结果,专家团队认为 LRT、单轨、自牵引式胶轮 APM、缆索动力 APM 和中低速磁悬浮系统可以作为达拉斯拉夫菲尔德机场空侧地面交通系统的备选制式。

表 5.2　技术制式筛选结果

比选结果

	评定标准	常规自动人行道	加速自动人行道	常规巴士	BRT	导向巴士	有轨电车	LRT	自牵引式胶轮 APM	缆索动力 APM	单轨系统	中低速磁悬浮	PRT
性能因素	容量	●	●	▲	●	●	▲	●	●	●	●	●	▲
	速度	■	●	●	●	●	▲	●	●	●	●	●	▲
	线路几何参数	●	●	■	▲	●	●	▲	●	●	■	▲	▲
	扩建能力	●	●	●	●	●	●	●	●	●	●	●	▲
	自动化水平	■	■	■	■	▲	●现代／■老式	●	●	●	●	●	●
	技术成熟度	●	●	●	●	●	●	●	●	●	●	●	■
	行程时间	■	▲	▲	●	●	●	●	●	●	●	●	●
	行车时距	▲	●	▲	●	●	●	●	●	●	●	●	●
	安全	●	▲	▲	▲	●	●现代／▲老式	●	●	●	●	●	▲
服务水平因素	可靠性和可用性	●	▲	●	●	●	●现代／▲老式	●	●	●	●	●	▲
	机场体验	▲	▲	■	■	■	●	●	●	●	●	●	▲
	与机场的接口	▲	▲	■	■	■	●	●	●	●	●	●	●
	乘客流动便捷性	■	●	■	▲	■	▲	▲	●	●	●	●	●
	整体形象	■	■	■	●	●	●	▲	●	●	■	●	■
	技术的适应性	●	●	▲	▲	■	■	■	●	●	■	▲	●
环境因素	可接受的噪声或振动水平	●	●	■	■	▲	●现代／▲老式	▲	●	●	●	●	●
	视觉适应	●	●	■	●	■	■	▲	●	●	●	●	●
	避免其他影响	●	●	▲	▲	▲	▲	▲	▲	▲	▲	▲	▲

表头：新型中小运量轨道系统（包含：自牵引式胶轮 APM、缆索动力 APM、单轨系统、中低速磁悬浮）

续上表

评定标准		比选结果							新型中小运量轨道系统				
		常规自动人行道	加速自动人行道	常规巴士	BRT	导向巴士	有轨电车	LRT	自牵引式胶轮APM	缆索动力APM	单轨系统	中低速磁悬浮	PRT
成本效益因素	资金成本	▲	▲	●	●	▲	■	■	▲	●	▲	▲	▲
	运营维护成本	●	▲	●	●	▲	▲	▲	▲	●	▲	▲	▲
	与机场设施集成的系统的效率	●	●	●	▲	▲	■	■	●	●	■	●	▲
是否入选		否	否	否	否	否	否	否	是	是	否	是	否

5.3　多属性决策原理和方法

从备选制式中选出最满意的机场 APM 制式是一个典型的多属性决策问题。多属性决策问题是指在具有相互冲突、不可共度的多属性情况下,从事先拟定的有限个方案中进行选择的决策。其中,属性是指伴随着决策事物或现象的某些特点、性质或效能,如 APM 列车的运营速度、轨道的最小曲线半径、建设成本、对环境的污染或乘客对 APM 系统的体验等。每一种属性应该能够提供某种测量其水平高低的方法,且属性水平的表示方式可以是定量的,即数字的;也可以是定性的,即语言的;其数据结构可以是精确的,也可以是不精确(模糊的)。

多属性决策的特点有以下几点:其一,对事物好坏的判断准则不是唯一的,且准则与准则之间常常会相互矛盾,如购买 APM 系统列车时,要求高性能往往会导致高价格,事情很难两全;其二,不同的属性通常有不同的量纲,因而是不可比较的,如列车的速度一般采用每小时几公里度量,列车的价格单位却是每列多少元或多少万元,两者必须经过某种适当的变换之后才具有可比性;其三,它的决策空间是离散的,选择余地是有限的、已知的,约束条件隐含于准则之中,不直接起限制作用。

经典多属性决策的基本模型如下:

给定一组可能的方案 $A_1, A_2, \cdots, A_m$,伴随每个方案的属性记为 $u_1, u_2, \cdots, u_n$,各属性的重要程度(即权重)用 $w_1, w_2, \cdots, w_n$ 表示,符合归一化条件 $w_1 + w_2 + \cdots + w_n = 1$。决策的目的是要找出其中的最优方案或对方案进行排序。对于方案 A_i 在第 j 个属性 u_j 下的属性值用 a_{ij} 表示,记 $M = \{1, 2, \cdots, m\}$,$N = \{1, 2, \cdots, n\}$,其中 $i \in M, j \in N$。那么上述多属性决策问题可以写成下面的矩阵表示形式:

$$A_{mn} = \begin{bmatrix} a_{11} & a_{12} & \cdots & a_{1n} \\ a_{21} & a_{22} & \cdots & a_{2n} \\ \vdots & \vdots & \vdots & \vdots \\ a_{m1} & a_{m2} & \cdots & a_{mn} \end{bmatrix} \tag{5-1}$$

矩阵 $A_{mn} = (a_{ij})_{m \times n}$ 称为多属性决策问题的决策矩阵。

由于多属性指标之间的相互矛盾与制约,因而不存在通常意义下的最优解。取而代之的是有效解、满意解、优先解、理想解、负理想解和折中解等概念,分别定义如下:

有效解(Efficient Solution):一个可行解被称为有效解,如果没有其他任何可行解能够实现在所有的属性水平上提供的结果都不比它差,且在至少一个属性水平上提供的结果比它更好。

满意解(Satisfied Solution):一个可行解被称为满意解(满意解不一定是有效解),如果它提供的结果在所有的属性水平上都能满足决策者的要求。

优先解(Preferred Solution):一个可行解被称为优先解,如果它是最能满足决策者指定条件的有效解。

理想解(Ideal Solution):一个解被称为理想解,如果它所提供的结果在所有的属性水平上都是该属性可能具有的最好结果。理想解是一个非可行解。其数学表达式为:

$$A^+ = (a_1^+, a_2^+, \cdots, a_n^+) \tag{5-2}$$

式中

$$a_j^+ = \max_i(a_{ij}), \quad i = 1, 2, \cdots, m; j = 1, 2, \cdots, n$$

虽然理想解实际上并不存在,但这一概念在多属性决策理论和实践中都十分重要。关于多属性决策的折中解和折中模型便是以它为基础建立起来的。

负理想解(Negative Ideal Solution):与理想解相反,负理想解的结果都是由最坏的属性指标所构成。也许是一个可行解,也许是一个非可行解。其数学表达式为:

$$A^- = (a_1^-, a_2^-, \cdots, a_n^-) \tag{5-3}$$

式中

$$a_j^- = \min_i(a_{ij}), \quad i = 1, 2, \cdots, m; j = 1, 2, \cdots, n$$

与理想解一样,负理想解也是折中算法的参考基准之一。

折中解(Compromise Solution):一个解被称为折中解,如果它是离理想解最近或离负理想解最远的可行解。

多属性决策一般包括两部分内容。首先是获取决策信息,决策信息一般包括属性权重和属性值,其中属性权重的确定是多属性决策的一个重要内容;其次是通过一定的方式对决策信息进行集结并对方案进行排序和择优。

在多属性决策中,方案的属性类型一般有效益型、成本型、固定型、偏离型、区间型、偏离区间型等。其中效益型属性是指属性值越大越好的属性,成本型属性是指属性值越小越好的属性。多属性决策的各属性指标之间通常存在下面三个问题:

(1)无共度性即各指标的量纲不同,不便于相互比较与综合运算;

(2)变化范围不同也不便于比较和综合运算;

(3)矛盾性。对于效益型属性,通常是越大越好,对于成本型属性,通常越小越好。

5.4　选型决策评价指标体系

在工程实践中,方案的属性一般称为评价指标(也可简称指标)。评价指标体系的建立是进行机场 APM 系统选型决策模型的前提和基础。为了反应 APM 系统的全貌,只使用一个指标往往是不够的,因为它只能说明 APM 系统某一方面的特征。这个时候就需要同时使用多个相关指标,而这多个既相关又相互独立的指标所构成的统一整体,即为指标体系。因此机场 APM 系统选型评价指标体系是指由若干个反映 APM 系统总体技术和经济特征的既相对独立又相互联系的指标所组成的有机整体。

5.4.1　指标选取原则

在建立指标体系的过程中,需要将机场 APM 系统按照其本质属性和特征的某一方面的标识分解成为具有行为化、可操作化的结构,并对指标体系中每一构成元素(即指标)赋予相应的权重。指标体系涵盖的是否全面、层次结构是否清晰合理,直接关系到决策质量的好坏。评价指标既有定量指标,也有定性指标。定量指标可以用准确数量定义并精确衡量,定性指标不能直接量化而需通过其他途径实现量化的评估。指标体系是机场 APM 系统技术制式选型的基石,对于选型的成功具有最直接最重要的意义,因此必须使得指标尽可能地科学和全面。评价指标的选取应遵循以下三项原则:

(1)科学性与可比性并重。所选指标应当是科学和规范的,以客观存在的事实为依据,具有清晰明确的科学含义,有针对性、确切地表现技术制式某一方面的特征,且能在统一的标准下评价不同车型,以保证不同车型之间具有可比性。

（2）完备性与独立性并重。指标选取的范围应尽可能地涵盖机场 APM 系统技术制式所有的主要方面和特点,从而形成全面的指标系统体系。同时应尽可能地避免不同指标之间存在涵盖和交叉的情况,以保证指标的独立性。

（3）层次性与多样性并重。机场 APM 系统技术制式选型评价具有多层次的结构特征,因此选取的指标应在简洁明了的基础上体现出层次性,以便于对指标体系的理解。同时指标体系中既要有定量指标,也要有定性指标;既要有绝对量指标,也要有相对量指标。

5.4.2　指标体系案例

国内某大型枢纽机场为完成空侧 APM 系统的规划,建立了包含 13 个技术和经济指标的选型决策评价指标体系,其中定量指标有五个,定性指标有八个,如图 5.1 所示。

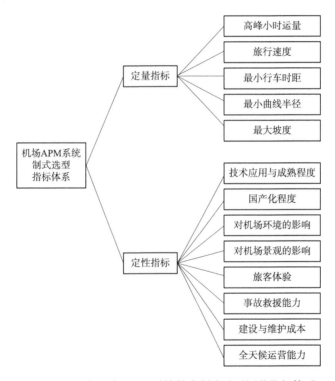

图 5.1　某机场空侧 APM 系统技术制式选型评价指标体系

定量指标中,高峰小时运量是衡量枢纽机场 APM 系统列车高峰时段运输能力的重要参数,在一定程度上决定了系统的规模;旅行速度是列车从始发站发车到终点站停车的平均行驶速度,即列车在轨道上行驶的总距离与行程时间的比值;最小行车时距指相邻的两列车发车的最小时间差,缩短行车时距,可以提高列车运行的密度,不仅可以减少乘客等候的时间,提高乘客满意度以及机场服务水平,而且可以提高列车运营效率,增强乘客输送能力,更好地利用线路资源,减少高峰时段运力紧张问题的出现。除此之外,还可以在同等运量的情况下缩短编组,从而减小车站规模,降低工程成本和运营成本。需要注意的是,行车时距也不能无限减小,这是由于行车时距只有大于保证安全作业的时间,才能确保安全。行车时距的限制因素有列车配备数量、列控系统能力、牵引供电能力、车站停站时间等。轨道车辆停站后,后续车辆就需等待。停站时间越长,后续车辆等待的时间就越长。最小曲线半径与最大坡度则是影响系统对地形、地理因素适应性的重要因素。

定性指标中,技术应用与成熟程度指标一般由专家依靠经验给出评判,有时,也可以考虑将某种车辆制式在国内外轨道交通领域成功运营的总里程作为定量数据,对专家评判进行验证,或直接将该指标作为定量指标;国产化程度对于后期维护成本、维护周期控制等有重要影响;对机场环境的影响主要是指系统产生的噪声、振动以及大气污染会对机场环境产生的影响,会对人们的身体健康产生不利影响;对机场景观的影响主要是考虑机场 APM 系统应与机场的形象和发展相适应,不能在车辆设计、轨道设计、车站和维修设施中存在不可接受的物理和视觉负面影响;旅客体验除了服务时间和空间之外,还要考虑舒适的乘坐环境;事故救援能力首先要确保发生事故后旅客能够尽快撤离事故现场,也就是系统要易于建设疏散平台;APM 系统在建设与维护成本方面的特点是系统初期建设投资所占的比例非常大,包括土建工程与机电设备等的投资,而维护成本则与运营方式、安全等级要求等相关;全天候运营能力主要考虑我国地域辽阔,区域间气候环境差异明显,而不同制式的 APM 系统对雨雪天气、风沙天气等恶劣气候环境的适应能力有很大的不同。

5.4.3   定性指标的标度

定性指标的标度,即定性测度,一般需要采用适当的语言评估标度。为此,可事先设定语言评估标度 $S = \{s_\alpha \mid \alpha = -t, \cdots, t\}$,其中 s_α 表示语言变量,特别地,s_{-t} 和 s_t 分别表示决策者实际使用的语言变量的下限和上限。S 满足下列条件:

(1)若 $\alpha > \beta$,则 $s_\alpha > s_\beta$;

(2)存在负算子 $\mathrm{neg}(s_\alpha) = s_{-\alpha} \mathrm{neg}(s_\alpha) = s_{-(-\alpha)}$。

例如,S 可取

$S = \{s_{-4} = 极差, s_{-3} = 很差, s_{-2} = 差, s_{-1} = 稍差, s_0 = 一般, s_1 = 稍好, s_2 = 好, s_3 = 很好, s_4 = 极好\}$。

5.5   无偏好条件下的选型方法

无偏好条件下的技术选型是指不考虑决策者的偏好信息,而只是依据各种技术方案的评价指标的量值进行综合评价值的计算和排序。这里介绍一种基于与理想方案的距离构造决策模型的方法。

5.5.1   决策方法

假设决策者为机场 APM 系统的选型制定了包含 n 个评价指标的评价体系,记为 $u = \{u_1, u_2, \cdots, u_n\}$;同时有 m 个可供选择的技术制式,记为 $A = \{A_1, A_2, \cdots, A_m\}$。第 j 种技术制式 A_j 的第 i 个指标的量值用 $a_{ij}(i = 1, \cdots, n; j = 1, \cdots, m)$ 表示,则决策矩阵为 $A = (a_{ij})_{n \times m}, (i = 1, \cdots, n; j = 1, \cdots, m)$。大部分情况下,不同指标的量值的量纲是不同的,例如,轨道最小曲线半径的量纲是 m,而指标列车速度的量纲为 km/h 或 m/s,显然两者量纲和量纲单位完全不同。为了消除这些不可共度性,必须对决策矩阵 $\boldsymbol{A}$ 中各个指标的衡量值 a_{ij} 进行规范化(或称为无量纲化)处理。

机场 APM 系统的评价指标主要包括成本类指标(即指标的量值越小越好)、效益类指标(即指标的量值越大越好)两类。以 $I_i(i=1,2)$ 分别表示成本类指标、效益类指标的下标集,对决策矩阵 $\boldsymbol{A}$ 的规范化处理可按下列公式进行:

$$r_{ij} = \frac{\max_i(a_{ij}) - a_{ij}}{\max_i(a_{ij}) - \min_i(a_{ij})} \quad u_j \in I_1 \tag{5-4}$$

$$r_{ij} = \frac{a_{ij} - \min_i(a_{ij})}{\max_i(a_{ij}) - \min_i(a_{ij})} \quad u_j \in I_2 \tag{5-5}$$

通过式(5-4)和式(5-5)的规范化处理,决策矩阵 $\boldsymbol{A} = (a_{ij})_{n \times m}$ 转化为规范化矩阵 $\boldsymbol{R} = (r_{ij})_{n \times m}$,其中 $\boldsymbol{R}$ 内的每个元素都满足 $0 \leqslant r_{ij} \leqslant 1$。

设 n 个指标的权重向量为 $w = (w_1, w_2, \cdots, w_n)^T$,满足以下条件:$\sum_{i=1}^n w_i = 1, w_i \geqslant 0$ $(i=1, \cdots, n)$,则第 j 个技术制式 A_j 的综合评价值 $V_j(w)$ 计算如下:

$$V_j(w) = \sum_{j=1}^n w_i r_{ij}, \quad j = 1, \cdots, m \tag{5-6}$$

显然,$V_j(w)$ 的大小代表第 j 个 APM 技术制式的优劣程度,$V_j(w)$ 越大表明第 j 个技术制式更优越。因此,在权重向量 w 已知的条件下,由式(5-6)就可以选出最优的技术制式。

在无偏好条件下,权重向量是未知的,需要先依据矩阵 $\boldsymbol{R} = (r_{ij})_{n \times m}$ 内各个元素的数值的大小来确定 w。为此,假设存在一个理想的技术制式 A^*,与技术制式集 $A = \{A_1, A_2, \cdots, A_m\}$ 中的其他技术制式相比,A^* 的各个指标都是最好的,因此在规范化矩阵 $\boldsymbol{R} = (r_{ij})_{n \times m}$ 中,其所对应的元素都满足 $r_{ij}^* = 1$。令:

$$d_j(w) = \sqrt{\sum_{i=1}^n (w_i r_{ij} - w_i r_{ij}^*)^2} = \sqrt{\sum_{i=1}^n (w_i r_{ij} - w_i)^2}, \quad j = 1, \cdots, m \tag{5-7}$$

则 $d_j(w)$ 表示了第 j 个技术制式与理想技术制式 A^* 之间的距离,$d_j(w)$ 越小就表明离 A^* 越近,技术制式也就越优。由于每一个技术制式都是非劣的(不合格的技术制式已经剔除),同时在对于各个技术制式 A_j 无偏好的条件下,最终所确定的权重向量 $w = (w_1, w_2, \cdots, w_n)^T$ 应使得每个技术制式的 $d_j(w)$ 都尽量的小,因此可以建立如下的单目标决策模型(P_1):

$$\min d^2(w) = \sum_{j=1}^m \sum_{i=1}^n (r_{ij} - 1)^2 w_i^2 \tag{5-8}$$

$$\mathrm{st} \begin{cases} \sum_{i=1}^n w_i = 1 & (i = 1, \cdots, n) \\ w_i \geqslant 0 \end{cases}$$

为求解模型(P_1),需作拉格朗日函数:

$$d(w, \lambda) = \sum_{j=1}^m \sum_{i=1}^n (r_{ij} - 1)^2 w_i^2 + 2\lambda \left(\sum_{i=1}^n w_i - 1 \right) \tag{5-9}$$

求其偏导数,并令:

$$\begin{cases} \dfrac{\partial d}{\partial w_i} = 2 \sum_{j=1}^m (r_{ij} - 1)^2 w_i + 2\lambda = 0 \\ \dfrac{\partial d}{\partial \lambda} = \sum_{i=1}^n w_i - 1 = 0 \end{cases} \tag{5-10}$$

即

$$w_i = -\cfrac{\lambda}{\displaystyle\sum_{j=1}^{m} (r_{ij} - 1)^2} \tag{5-11}$$

$$\sum_{i=1}^{n} w_i = 1 \tag{5-12}$$

将式(5-11)代入式(5-12),并进一步整理后得到

$$\lambda = -\cfrac{1}{\displaystyle\sum_{i=1}^{n} \cfrac{1}{\displaystyle\sum_{j=1}^{m} (r_{ij} - 1)^2}} \tag{5-13}$$

由式(5-11)和式(5-13)可得到权重向量 $w = (w_1, w_2, \cdots, w_n)^{\mathrm{T}}$ 各个分量的计算公式:

$$w_i = \cfrac{\displaystyle\sum_{i=1}^{n} \cfrac{1}{\displaystyle\sum_{j=1}^{m} (r_{ij} - 1)^2}}{\displaystyle\sum_{j=1}^{m} (r_{ij} - 1)^2} \qquad (i = 1, \cdots, n) \tag{5-14}$$

求得 w_i 后,利用式(5-6)依次求解各个技术制式的综合评价值 $V_j(w)$($i = 1, \cdots, m$),并按大小排序,综合评价值越大,则技术制式越优;综合评价值越小,则技术制式越劣。

5.5.2   实例分析

假定经过初步的技术筛选,某机场 APM 系统的备选技术制式包含八种,即 $A = \{A_1, A_2, A_3, A_4, A_5, A_6, A_7, A_8\}$。其中 A_1 代表中等运量跨座式独轨、A_2 代表悬挂式独轨、A_3 代表钢轮钢轨制式低地板轻轨、A_4 代表中低速磁浮、A_5 代表自牵引式胶轮 APM 系统、A_6 代表缆索动力 APM 系统、A_7 代表中等运量直线电机运载系统,A_8 代表 PRT 系统。选型决策以 5.4.2 节所述的指标体系为基础,指标集 $U = \{u_1, u_2, \cdots, u_{13}\}$ 中,u_1、u_2、u_3、u_4、u_5 是定量指标,分别代表高峰小时运量、旅行速度、最小行车时距、车辆可通过的最小曲线半径和车辆可通过的最大坡度;u_6、u_7、u_8、u_9、u_{10}、u_{11}、u_{12}、u_{13} 是定性指标,分别代表技术应用与成熟程度、国产化程度、对机场环境的影响、对机场景观的影响、旅客体验、事故救援能力、建设与维护成本以及全天候运营能力。

其中定量指标的量值按如下方法获取:中等运量跨座式独轨、中低速磁浮、钢轮钢轨制式低地板轻轨系统参数取自国家和地方相关技术标准;悬挂式独轨选择规划中的成都金唐线悬挂式单轨;中等运量直线电机运载系统参考温哥华 Skytrain 系统;自牵引式胶轮 APM 系统和缆索动力 APM 系统参数分别参考庞巴迪 CX-100 系统;PRT 系统参数参考英国希思罗国际机场已经开通运营的 Ultra 系统。各系统的运营速度取最高运行速度的 70%,运量按两辆编组列车计算(PRT 系统按单车编组计算)。这些参数构成如表 5.3 所示。

表 5.3　定量指标参数

项目	A_1	A_2	A_3	A_4	A_5	A_6	A_7	A_8
u_1	8 700	6 180	5 550	10 480	8 400	3 200	7 800	3 600
u_2	56	42	49	70	39	34	56	28
u_3	120	120	120	90	90	90	120	6
u_4	45	30	25	100	22	30	70	5
u_5	60	100	60	70	65	20	60	20

定性指标按照 5.4.3 节所给出的标度方法进行测度,表 5.4 是根据决策专家委员会的评价和赋值,经过统计处理后得到的定性指标参数。

表 5.4　定性指标参数表

项目	A_1	A_2	A_3	A_4	A_5	A_6	A_7	A_8
u_6	S_2	S_1	S_4	S_0	S_3	S_0	S_1	S_{-1}
u_7	S_2	S_0	S_2	S_1	S_{-2}	S_{-4}	S_{-1}	S_{-4}
v_8	S_2	S_2	S_{-3}	S_3	S_2	S_1	S_{-2}	S_2
v_9	S_2	S_2	S_{-3}	S_{-2}	S_0	S_{-2}	S_{-3}	S_1
v_{10}	S_2	S_2	S_{-2}	S_0	S_2	S_1	S_{-2}	S_4
v_{11}	S_{-4}	S_{-4}	S_4	S_{-2}	S_2	S_2	S_3	S_2
v_{12}	S_2	S_2	S_3	S_2	S_1	S_1	S_2	S_4
v_{13}	S_{-1}	S_{-1}	S_{-2}	S_4	S_0	S_1	S_3	S_{-3}

这些指标及其量值构成了如下的决策矩阵 $A = (a_{ij})_{13 \times 8}$:

$$A = (a_{ij})_{13 \times 8} = \begin{bmatrix} 8\,700 & 6\,180 & 5\,550 & 10\,480 & 8\,400 & 3\,200 & 7\,800 & 3\,600 \\ 56 & 42 & 49 & 70 & 39 & 34 & 56 & 28 \\ 120 & 120 & 120 & 90 & 90 & 90 & 120 & 6 \\ 45 & 30 & 25 & 100 & 22 & 30 & 70 & 5 \\ 60 & 100 & 60 & 70 & 65 & 20 & 60 & 20 \\ 2 & 1 & 4 & 0 & 3 & 0 & 1 & -1 \\ 2 & 0 & 2 & 1 & -2 & -4 & -1 & -4 \\ 2 & 2 & -3 & 3 & 2 & 1 & -2 & 2 \\ 2 & 2 & -3 & -2 & 0 & -2 & -3 & 1 \\ 2 & 2 & -2 & 0 & 2 & 1 & -2 & 4 \\ -4 & -4 & 4 & -2 & 2 & 2 & 3 & 2 \\ 2 & 2 & 3 & 2 & 1 & 1 & 2 & 4 \\ -1 & -1 & -2 & 4 & 0 & 1 & 3 & -3 \end{bmatrix}$$

按照式(5-4)、式(5-5)对其进行规范化处理,得到规范化的决策矩阵 $R = (r_{ij})_{13 \times 8}$:

$$\boldsymbol{R} = (r_{ij})_{13 \times 8} = \begin{bmatrix} 0.755 & 0.409 & 0.323 & 1.000 & 0.714 & 0.000 & 0.632 & 0.055 \\ 0.667 & 0.333 & 0.500 & 1.000 & 0.262 & 0.143 & 0.667 & 0.000 \\ 0.000 & 0.000 & 0.000 & 0.263 & 0.263 & 0.263 & 0.000 & 1.000 \\ 0.579 & 0.737 & 0.789 & 0.000 & 0.821 & 0.737 & 0.316 & 1.000 \\ 0.500 & 1.000 & 0.500 & 0.625 & 0.563 & 0.000 & 0.500 & 0.000 \\ 0.600 & 0.400 & 1.000 & 0.200 & 0.800 & 0.200 & 0.400 & 0.000 \\ 1.000 & 0.667 & 1.000 & 0.833 & 0.333 & 0.000 & 0.500 & 0.000 \\ 0.167 & 0.167 & 1.000 & 0.000 & 0.167 & 0.333 & 0.833 & 0.167 \\ 0.000 & 0.000 & 1.000 & 0.800 & 0.400 & 0.800 & 1.000 & 0.200 \\ 0.667 & 0.667 & 0.333 & 0.667 & 0.500 & 0.000 & 0.000 & 1.000 \\ 0.000 & 0.000 & 1.000 & 0.250 & 0.750 & 0.750 & 0.875 & 0.750 \\ 0.667 & 0.667 & 0.333 & 0.667 & 1.000 & 1.000 & 0.667 & 0.000 \\ 0.286 & 0.286 & 0.143 & 1.000 & 0.429 & 0.571 & 0.857 & 0.000 \end{bmatrix}$$

可以看到 R 内的每个元素都满足 $0 \leqslant r_{ij} \leqslant 1$，$i = 1, 2, \cdots, 8$，$j = 1, 2, \cdots, 13$。再根据式(5-14)求解权重向量的各个分量，就可以得到权重向量：

$$w = (0.076, 0.07, 0.073, 0.07, 0.08, 0.074, 0.081, 0.069, 0.04, 0.121, 0.053, 0.073, 0.119)^T$$

利用公式(5-6)依次求解各个技术制式的综合评价值得到：

$$V_1(w) = 0.490; V_2(w) = 0.455; V_3(w) = 0.599; V_4(w) = 0.534$$
$$V_5(w) = 0.604; V_6(w) = 0.457; V_7(w) = 0.564; V_8(w) = 0.324$$

图 5.2 是各制式综合评价值结果的直方图。

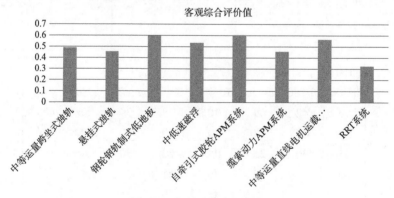

图 5.2 各制式综合评价值

根据综合评价值的大小，各个技术制式的排序为 $A_5 > A_3 > A_7 > A_4 > A_1 > A_6 > A_2 > A_8$。因此自牵引式胶轮 APM 系统为最优技术制式，其次为钢轮钢轨制式低地板轻轨、中等运量直线电机运载系统。

5.6 考虑偏好的选型方法

偏好是实际潜藏在人们内心的一种情感和倾向，通常是非直观的。引起偏好的感性因素多于理性因素，偏好有明显的个体差异，但也呈现出群体特征。在多属性决策问题中，决策者的偏好信息既可以是针对方案的,也可以是针对方案的评价指标的。一般而言,对方案的偏好是通过赋予方案不同的偏好值来体现,而对方案评价指标的偏好则需要通过限定指标权重的取值范围来体现。这是因为方案的优劣由综合评价值所决定,而综合评价值又取决于指标的量值和权重。指标的量值具有确定性(定性指标的衡量值尽管是主观赋值,但同样具有确定性),不可随意更改,因此只能控制指标权重的赋值。实际上,对方案的偏好值也必须通过决策模型来影响指标权重的分配,从而改变综合评价值的。

国内外的经验表明,在机场 APM 系统技术制式的选型决策过程中,几乎所有的决策者都会有一定的偏好,且偏好对决策过程和决策结果都有着重要的影响。其原因在于,机场所在国家、地区或城市的科技和经济发展水平,社会环境和风俗习惯,以及历史和文化的发展等往往存在很大的差异,这些差异必然会影响到人们对于轨道交通服务的消费习惯,导致对不同机场 APM 系统技术制式及其各个评价指标有着不同的喜好程度,机场 APM 系统规划的决策者不能不考虑这些因素。

5.6.1　决策方法

对于 5.5.2 节所述的机场的 APM 系统技术制式选型决策问题,做如下假设:

(1)决策者对技术制式 $A = \{A_1, A_2, \cdots, A_m\}$ 有偏好 $v_j(j = 1, \cdots, m)$,偏好值以语言变量形式给定,并按照 5.4.3 节的方法度量,各个技术制式的偏好值为 $s_{a_j}(j = 1, \cdots, m)$;

(2) $w = (w_1, w_2, \cdots, w_n)^T \in H$ 为各个评价指标的权重向量,$w_i \geqslant 0, i = 1, 2, \cdots, n, \sum_{i=1}^{n} w_i = 1$,$H$ 为已知的部分权重信息所确定的属性可能权重集合,决策者对评价指标的偏好信息包含在 H 中,H 可表示为以下几种形式。

①弱序:$\{w_i \geqslant w_j\}$;

②严格序:$\{w_i - w_j \geqslant a_i\}$;

③倍序:$\{w_i \geqslant a_i w_j\}$;

④区间序:$\{a_i \leqslant w_i \leqslant a_i + \varepsilon_i\}$;

⑤差序:$\{w_i - w_j \geqslant w_k - w_l\}, j \neq k \neq l$,其中 $\{\alpha_i\}$ 和 $\{\varepsilon_i\}$ 为非负常数。

如 5.5.1 节所描述,决策矩阵 $A = (a_{ij})_{n \times m}$ 的归一化矩阵为 $R = (r_{ij})_{n \times m}$,因此技术制式 A_j 的综合评价值可表示为

$$z_j(w) = w_1 r_{1j} \oplus w_2 r_{2j} \oplus \cdots \oplus w_n r_{nj}, \quad j = 1, 2, \cdots, m \tag{5-15}$$

显然,技术制式 A_j 的综合属性值 $z_j(w)$ 越大,则该技术制式越优。

若指标权重信息完全已知,则可直接利用式(5-15)对各种技术制式进行排序。而在部分权重信息已知的情况下,需要综合考虑各个评价指标的量值以及决策者对技术制式和评价指标的偏好信息来确定权重。

一般情况下,技术制式 A_j 的综合属性值 $z_j(w)$ 与决策者对技术制式 A_j 的偏好值 $v_j(i \in M)$ 往往存在一定的偏差。为此,引入偏差函数

$$d_j(w) = d(z_j(w), v_j), \quad j = 1, 2, \cdots, m \tag{5-16}$$

为了方便起见,令 $v_j = s_{a_j}$,则式(5-16)转化为

$$d_j(w) = d(z_j(w), s_{a_j}) = |z_j(w) - a_j|, \quad j = 1, 2, \cdots, m \tag{5-17}$$

显然,为了得到最接近决策者偏好的权重向量 w,上述偏差函数值总是越小越好,为此,可建

立如下的优化模型(M-1)。

$$\min d_j(w) = |z_j(w) - a_j|, \quad j = 1, 2, \cdots, m$$
$$\text{s. t. } w \in H$$
$$w_i \geq 0, i = 1, 2, \cdots, n, \sum_{i=1}^{n} w_i = 1$$

为了求解模型(M-1),并考虑到所有的目标函数是公平竞争的,且每个目标函数 $d_j(w)$ 希望达到的期望值均为 0。因此,可将模型(M-1)转化为下列目标规划模型(M-2)。

$$\min J = \sum_{j=1}^{m} (\delta_j^+ e_j^+ + \delta_j^- e_j^-)$$
$$\text{s. t. } z_j(w) - a_j - e_j^+ + e_j^- = 0, \quad j = 1, 2, \cdots, m$$
$$e_j^+ \geq 0, e_j^- \geq 0, \quad j = 1, 2, \cdots, m$$
$$e_j^+ e_j^- = 0, \quad j = 1, 2, \cdots, m$$
$$w \in H$$
$$w_i \geq 0, i = 1, 2, \cdots, n, \sum_{i=1}^{n} w_i = 1$$

其中,e_j^+ 是 $z_j(w) - a_j$ 高于期望值 0 的上偏差变量,e_j^- 是 $z_j(w) - a_j$ 低于期望值 0 的下偏差变量,δ_j^+ 和 δ_j^- 分别是 e_j^+ 和 e_j^- 的权系数。

利用目标单纯形法求解模型(M-2),可得属性的权重向量 w,并由式(5-15)求得各技术制式的综合评价值 $z_j(w)(j = 1, 2, \cdots, m)$,便可依次对备选技术制式进行排序和择优。

5.6.2 实例分析

对于 5.5.2 节所描述的决策实例,假定机场方面在选型决策时存在以下两项偏好:

(1)对不同技术制式的偏好

$$v_1 = s_0, v_2 = s_2, v_3 = s_0, v_4 = s_0, v_5 = s_1, v_6 = s_3, v_7 = s_4, v_8 = s_0$$

即最偏好中等运量直线电机运载系统,其次缆索动力 APM 系统,第三是悬挂式独轨,第四是自牵引式胶轮 APM 系统,其余制式平均对待。

(2)对评价指标的偏好由如下的不完全权重标信息确定:

$$H = \left\{ \begin{matrix} 0.06 \leq w_1 \leq 0.09, 0.06 \leq w_2 \leq 0.09, 0.03 \leq w_3 \leq 0.06, 0.08 \leq w_4 \leq 0.12, \\ 0.08 \leq w_5 \leq 0.12, 0.03 \leq w_6 \leq 0.06, 0.06 \leq w_7 \leq 0.09, 0.06 \leq w_8 \leq 0.09, \\ 0.06 \leq w_9 \leq 0.09, 0.08 \leq w_{10} \leq 0.12, 0.06 \leq w_{11} \leq 0.09, 0.06 \leq w_{12} \leq 0.09, \\ 0.06 \leq w_{13} \leq 0.09 \end{matrix} \right\}$$

w_4、w_5 和 w_{10} 的赋值区间的上下限高于其他权重,即决策者最重视的评价指标是车辆可通过的最大坡度、对机场环境的影响、最小曲线半径,而 w_3、w_6 的赋值区间的上下限低于其他权重,即最不重视的评价指标是最小行车时距、技术应用与成熟程度,其余指标平均对待。

首先基于表 5.3 和表 5.4 的评价指标量值,结合上述两条已知的偏好信息,利用模型(M-2)建立如下的目标规划模型(假设 $\delta_j^+ = \delta_j^- = 1, j = 1, 2, \cdots, 8$)。

$$\min J = \sum_{j=1}^{8} (e_j^+ + e_j^-)$$

$s. t. \ 0.755w_1 + 0.667w_2 + 0.5w_3 + 0.6w_4 + w_5 + 0.667w_6 + 0.286w_8 + 0.579w_{10} + 0.167w_{11}$

$$+0.667w_{13} - e_1^+ + e_1^- = 0$$

$0.409w_1 + 0.333w_2 + w_3 + 0.4w_4 + 0.667w_5 + 0.667w_6 + 0.286w_8 + 0.737w_{10} + 0.167w_{11} + 0.667w_{13} - 2 - e_2^+ + e_2^- = 0$

$0.323w_1 + 0.5w_2 + 0.5w_3 + w_4 + w_5 + w_7 + 0.143w_8 + 0.789w_{10} + w_{11} + w_{12} + 0.333w_{13} - e_3^+ + e_3^- = 0$

$w_1 + w_2 + 0.625w_3 + 0.2w_4 + 0.833w_5 + 0.333w_6 + 0.25w_7 + w_8 + 0.263w_9 + 0.8w_{12} + 0.667w_{13} - e_4^+ + e_4^- = 0$

$0.714w_1 + 0.262w_2 + 0.563w_3 + 0.8w_4 + 0.333w_5 + 0.667w_6 + 0.75w_7 + 0.429w_8 + 0.263w_9 + 0.821w_{10} + 0.167w_{11} + 0.4w_{12} + w_{13} - 1 - e_5^+ + e_5^- = 0$

$0.143w_2 + 0.2w_4 + 0.5w_6 + 0.75w_7 + 0.571w_8 + 0.263w_9 + 0.737w_{10} + 0.333w_{11} + 0.8w_{12} + w_{13} - 3 - e_6^+ + e_6^- = 0$

$0.632w_1 + 0.667w_2 + 0.5w_3 + 0.4w_4 + 0.5w_5 + 0.875w_7 + 0.857w_8 + 0.316w_{10} + 0.833w_{11} + w_{12} + 0.667w_{13} - 4 - e_7^+ + e_7^- = 0$

$0.0549w_1 + w_6 + 0.75w_7 + w_9 + w_{10} + 0.167w_{11} + 0.2w_{12} - e_8^+ + e_8^- = 0$

$e_j^+ \geqslant 0, e_j^- \geqslant 0, \quad j = 1, 2, \cdots, 13$

$e_j^+ e_j^- = 0, \quad j = 1, 2, \cdots, 13$

$0.06 \leqslant w_1 \leqslant 0.09, 0.06 \leqslant w_2 \leqslant 0.09, 0.03 \leqslant w_3 \leqslant 0.06, 0.08 \leqslant w_4 \leqslant 0.12,$

$0.08 \leqslant w_5 \leqslant 0.12, 0.03 \leqslant w_6 \leqslant 0.06, 0.06 \leqslant w_7 \leqslant 0.09, 0.06 \leqslant w_8 \leqslant 0.09,$

$0.06 \leqslant w_9 \leqslant 0.09, 0.08 \leqslant w_{10} \leqslant 0.12, 0.06 \leqslant w_{11} \leqslant 0.09, 0.06 \leqslant w_{12} \leqslant 0.09,$

$0.06 \leqslant w_{13} \leqslant 0.09$

$w_1 + w_2 + w_3 + w_4 + w_5 + w_6 + w_7 + w_8 + w_9 + w_{10} + w_{11} + w_{12} + w_{13} = 0$

求解此模型,得到属性的权重向量为

$$w = (0.06, 0.06, 0.12, 0.03, 0.06, 0.08, 0.09, 0.09, 0.06, 0.08, 0.09, 0.09, 0.09)^T$$

将求得的权重向量代入式(5-15),得到考虑偏好信息的综合评价值:

$$V_1(w) = 0.4236; V_2(w) = 0.4296; V_3(w) = 0.5753; V_4(w) = 0.5379$$

$$V_5(w) = 0.5519; V_6(w) = 0.4402; V_7(w) = 0.5861; V_8(w) = 0.3238$$

图 5.3 是考虑偏好的各制式综合评价值结果的直方图。

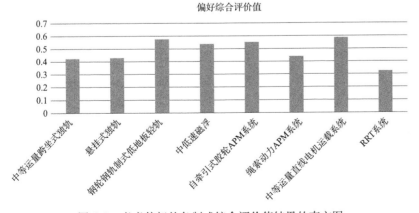

图 5.3　考虑偏好的各制式综合评价值结果的直方图

根据综合评价值的大小,各个技术制式的排序为:

$$A_7 > A_3 > A_5 > A_4 > A_6 > A_2 > A_1 > A_8$$

因此中等运量直线电机运载系统为最优技术制式,其次为钢轮钢轨制式低地板轻轨、自牵引式胶轮 APM 系统。将这一决策结果与 5.5.2 节的无偏好条件下的决策结果相比较(见图 5.4),可以看出,由于决策者的偏好,最优技术制式从自牵引式胶轮 APM 系统转变为中等运量直线电机运载系统。

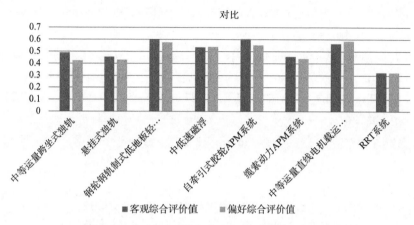

图 5.4　考虑与不考虑偏好时各制式综合评价值结果的比较

小　结

本章探讨了从备选技术制式集合中选择最佳制式的方法,结合案例分析了直观比较法和多属性决策方法的特点。直观比较法的优点在于简单易行、成本低廉,缺点在于依赖专家团队的主观判断,专家主观因素对评价结果过大。多属性决策方法借助于严谨的数学模型进行决策,可以将专家的主观倾向转化为客观的评价数据,提高了评价过程的客观性和科学性,有利于建立系统性、规范化的机场 APM 制式选型流程。

第6章 | 机场 APM 系统组件的规划

第4章和第5章探讨了机场 APM 系统制式的技术筛选与选型决策方法和流程。依据这些方法流程可以确定出符合业主需要的 APM 系统技术制式。技术制式一旦确定,就需要进一步明确系统的具体功能和体系结构,在此基础上规划各组件的详细技术规格,包括设施的尺寸、位置和布局等。

6.1 线 路 规 划

机场 APM 系统线路的规划就是将两个站点之间选定一条技术上可行,经济上合理,又能满足使用要求的道路中心线;确定线路的走向和总体布局,线路与其他基础设施的交点位置,竖曲线和水平曲线的要素等。通过纸上或实地选线,把路线的空间位置确定下来。

6.1.1 线路规划的原则

线路规划的核心是选线(Route Selection),选线指的是根据路线基本走向和技术标准,结合机场的各种功能建筑物布局、地形和地质条件、施工条件等因素的影响,通过全面比较,选择路线布局的全过程。在这一过程中要始终把通过第3章的需求分析所确定的机场 APM 系统的总体服务水平作为比选的关键标准,尤其要在细节上重视以下几点:

(1)路线的直达性——国外的研究表明,航空旅客在使用机场 APM 系统时,路线的直达性有助于乘客感知他们正在以最短的距离到达目的地,将对乘客的体验产生积极的影响。反向的迂回路线,尤其是在单向循环条件下的反向迂回,以及停靠较多的站点才能到达目的地,都会造成乘客对 APM 系统及其服务设施产生负面评价。因此,在规划线路形状时,在客流量较大的出发地和目的地之间应尽量采用最直接的路径,设置最少的停靠站,以最大限度地提高乘客的满意度。

(2)旅行时间——尽量增大线路竖曲线、水平曲线的曲线半径,延长缓和曲线的长度,这样就可以最大限度地提高列车安全运行的速度,减少旅客乘车时间。采用较小的行车时距,增大行车密度可以有效降低乘客的等车时间。

(3)视觉效果——国外的研究表明,在使用公共交通系统时,如果乘客能够从出发站看到他们要去的目的地,会感觉旅行更短,从而获得更好的旅行体验。因此只要有可能,机场 APM 系统的选线应该使相邻车站之间处于人眼的可视范围之内。

(4)乘客步行时间和距离——车站的布局应尽量减少乘客往返登机口和功能区的步行距离。车站应与所在的功能区处于同一水平位置,尽量使乘客进出车站减少或不需要上下楼梯。

(5)乘坐舒适度——尽量采用直线,并控制竖曲线、水平曲线的最小曲线半径,以减少曲线运行时作用于乘客身上的侧向力和垂直力。为了减少作用于乘客身上的侧向力并允许更快的曲线通过速度,在水平曲线上可适当采用外轨超高技术。

（6）无缝连接——机场 APM 系统的选线应尽量避免在不同线路之间换乘。当换乘不可避免时，应尽量将因换乘而不得不进行的步行距离，上下楼梯，以及等待时间等缩到最小。同一车站站台的换乘应是首选。

（7）易用性——线路构型的选择应当尽量简明，例如单一的各种穿梭型、单循环型等基本线路构型可以使乘客很容易理解系统都可以连接哪些功能区。而由多个基本线路构型组成的较为复杂的路线配置可能会让乘客的旅程变得混乱和复杂化。这种情况下需要利用车站和航站楼信息标志（包括静态和动态信息标志），路线颜色编码以及其他手段帮助乘客理解系统的使用。国外的研究表明，清晰明确的信息标志与"视觉效果"有助于减少混淆和误乘车次。

6.1.2　线路的规划方法

线路的规划是整个 APM 系统规划中的关键一环，其结果决定了机场 APM 系统的基本物理结构和功能特性，也关系到系统的建设和运营维护成本。线路方案应在保证行车安全、舒适、迅速的前提下，使工程量小、造价低、营运费用低、效益好，并有利于施工和养护。在工程量增加不大的前提下，应尽量采用较高的技术指标，不应轻易采用最小指标或低限指标，也不应片面追求高指标。

一般而言，线路初步方案可以根据规划团队的经验和对机场客观条件的评估来确定，但前提是要对各个备选制式的技术及功能有较深入的了解。不同制式的轨道交通系统的线路构型和运营模式有很大的不同，例如单轨、路轨胶轮系统由于设置有专门的导向轨、导向轮，因此可以采用更小的平面曲线半径；直线电机轨道交通、磁悬浮属于非黏着驱动，因此加速、减速性能更好，可以采用更小的竖曲线半径，有利于实现更小的行车时距，从而提高行车密度；钢轮钢轨系统尽管有更高的承载能力，但线路的空间几何形状会受到黏着系数偏小的限制（需要采用较大的最小水平曲线和竖曲线半径），行车时距也相对较小。

线路的具体规划方法大致可分为实地选线、纸上选线和自动化选线三种。

（1）实地选线。实地选线是由选线人员在现场实地进行勘察测量，经过反复比较，直接选定路线的方法。其特点是工作简便、符合实际；实地容易掌握地质、地形、地物情况，做出的方案切实可靠。但是，由于肉眼视野的局限性，加上地形、地貌、地物的影响，所确定的路线的整体布局可能存在一定的片面性和局限性。

（2）纸上选线。纸上选线是在已经测得的地形、地物分布图上进行路线布局方案比选，从而在纸上确定路线，再到实地放线的选线方法。这种方法的特点是能在室内纵观全局，再结合地形、地物、地质条件，并综合考虑平面、纵断面、横截面三方面的因素，使所选定的路线更为合理。

（3）计算机软件选线。计算机软件选线是将航测和电算相结合的选线方法。基本做法是：先用航测方法测得机场全区域的航测图片，再根据地形、地物信息建立数字地形模型（即数字化的地形、地物资料），再把 APM 线路的要求转化为数学模型，将数据输入计算机软件，由计算机进行自动选线、分析比较、优化，并输出设计图。这种方法由计算机和自动绘图仪代替人工去做大量烦琐的计算、绘图、分析比较的工作，效率大幅提高，选出的路线构型方案更加合理。

线路构型的选定是经过由浅入深、由轮廓到局部、由总体到具体、由面到带进而到线的过程来实现的，大体上可分为全面布局、逐段确定方案、具体定线等三个阶段。全面布局阶段解决路线的基本走向，就是在起讫点及中间必须通过的节点寻找可能通行的"路线带"，并确定一些大的控制点，连接起来即形成路线的基本走向。例如，在起讫点及控制点间可能是沿着机场跑道，越过跑道；可能走跑道的一边，也可能走另一边，这些都属于路线的布局问题。逐段确定方案阶段是在路线基本走向已经确定的基础上,进一步加密控制点,解决路线的局部方案。即在大控制点之间,结合地形、地质、水文、气候以及功能区和建筑物布局等条件,逐段定出小控制点。具体定线阶段则是在逐段安排的小控制点之间,根据技术标准结合自然条件,综合考虑平、纵、横断面三方面因素,反复穿线插点,具体定出路线的位置。

　　本书第 2 章 2.3.1 节所述的各种典型的机场 APM 系统线路构型都有其不同的适应性,初选线路构型方案应该从简单的单线穿梭、单环构型开始,再到复杂的双轨穿梭构型或双环构型。只有在简单线路构型确实不能满足功能和服务水平要求的情况下,才能逐步增加支线和道岔,以构造功能更好、线型更复杂的线路。

6.1.3　线路构造概要

　　轨道交通线路在空间的位置是采用线路中心线表示的。线路中心线在水平面上的投影,叫作线路的平面;线路中心线在垂直面上的投影,叫作线路的纵断面。既直又平的线路有利于列车的安全运行,也可提高旅客乘坐的舒适性,视觉效果也更好,因此是机场 APM 系统最理想的线路几何形态。但是,在国外已经建成的机场 APM 实践中只有较少的一部分线路能够以这种理想的状态铺设,其原因在于大多数机场最初规划都没有 APM 系统,是在经历了航空旅客的长期增长之后,在后来的发展中才有了建设 APM 系统的需求。这就造成了 APM 系统实施的物理空间条件受限,需要绕行或穿越较多的功能区、建筑物,只能采用小半径平面曲线和竖曲线进行线路设计。

　　少数机场的 APM 系统是与机场一起规划和建设的,因此线路中直线、大半径曲线的比重较高,如美国亚特兰大和丹佛机场等。宽松的选线条件可以为技术决策提供更多的选择空间,例如空侧 APM 系统也可以考虑采用承载能力较高的钢轮钢轨技术。我国很多机场正处于规划和建设的初期,把 APM 系统,尤其是空侧 APM 系统的规划与机场规划统筹考虑是十分必要的。

　　参考已经建成的机场 APM 系统,线路的敷设方式有三种,即地下线、地面线和高架线。在机场功能区和建筑物中心地区一般选择地下线(见图 6.1)。地下线是对环境影响最小的一种线路敷设方式。地面线(见图 6.2)的造价最低,一般敷设在有条件的区域,通常用在航站楼与航站楼之间、航站楼与卫星厅之间的空旷地带。高架线(见图 6.3)保持了线路的专用属性,占地较少,又对机场其他功能的干扰较小。从国外的经验来看,对穿越机场区域的 APM 系统设置高架线仍然存在一些争议,一是高架线对机场景观有些影响;二是高架系统产生的噪声和污染对线路周围环境有一些不良影响。

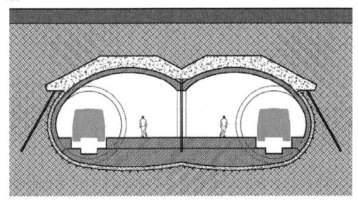

图 6.1　地下线

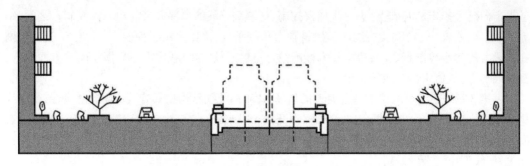

图 6.2　地面线

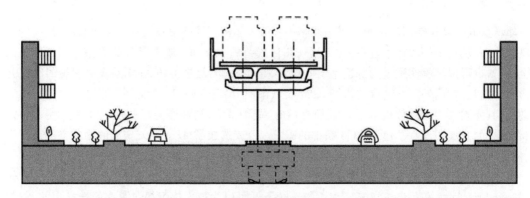

图 6.3　高架线

　　三种线路敷设方式的特点比较如表 6.1 所示,选择线路敷设方式时除应考虑表 6.1 中的因素之外,还应考虑客流量、机场规划、周边环境和工程地质条件等因素。因此,线路敷设方式的选择应该综合考虑,因地制宜。

表 6.1　三种线路敷设方式的特点

序号	项　目	特　点		
		地　下　线	地　面　线	高　架　线
1	土建难度	大	小	较小
2	相关设备	复杂	简单	较简单
3	投资	大	小	较大
4	自然环境对运营的影响	小	大	较小
5	对机场的阻隔作用	无	强	弱
6	对机场环境的影响	小	较大	大
7	适用场合	机场中心区域	机场边缘区域或郊区	机场非中心区

　　在线路的平面内,线路主要由直线区段、圆曲线区段以及连接两者的缓和曲线组成。缓和曲线如图 6.4 所示,对于保证行车平顺性具有重要作用。缓和曲线的特点是其半径由无穷大逐渐变化到其所连接的圆曲线半径 R(或者是半径由其所连接的圆曲线半径 R,逐渐变化到无穷大)。从而使车辆进入(或离开)圆曲线过程中所产生的离心力逐渐增加(或减小),有利于行车平稳性。

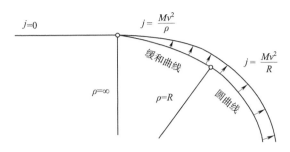

图 6.4　缓和曲线示意图

在线路的纵断面内,线路主要由平道、坡道以及连接两者的竖曲线组成。平道与坡道、坡道与坡道的交点,叫作变坡点。列车经过变坡点时,由于坡度的突然变化,两车之间的连接机构(俗称车钩)会产生附加作用力;坡度变化越大,作用力越大,容易造成断裂事故。为了保证列车的运行平稳和安全,对于坡度变化达到一定程度的变坡点,应当以竖曲线连接,如图 6.5 所示。

图 6.5　竖曲线示意图

由于受机场环境中既有的或计划的功能区、建筑物的限制,APM 系统线路不可避免地要大量采用大坡道和小半径曲线。一般情况下路线应设法绕避机场保护区域,如跑道区域等。当必须穿过时,应选择合适的位置,缩小穿越范围,并采取必要的工程措施。图 6.6 是美国杜勒斯机场在跑道下方开挖 APM 系统线路隧道的状态,为了保证跑道的运营安全,采取了大量的保护措施。无论是空侧还是陆侧 APM 系统,在临近机场跑道保护的区域,线路布局必须严格满足《防止机场地面车辆和人员跑道侵入管理规定》,并接受相关管理部门的审查。

图 6.6　在机场跑道下方开挖 APM 系统线路隧道的保护措施

6.1.4　不同区域线路的规划

按照铺设位置的不同,APM 路线可以分为三个区域:区间线路,站区线路和渡线线路。不同位置的线路所发挥的功能、需要遵循的技术要求都有所不同,因此各自有其最有效和最经济的规划方案。

1. 区间线路

区间线路,是指两个 APM 车站之间的线路。区间线路为 APM 列车提供了拥有专属通行权力的通道。由于供电系统结构配置的连续性要求,以及较高的列车行车密度的限制,在区间线路范围内通常不允许与任何其他非 APM 系统功能的线路、设备、设施等存在交叉。线路的两条相邻轨道的最小间距,即线间距取决于列车断面尺寸和动态包络线的范围。区间线路的轨道旁边应设置紧急疏散步行道,需要 0.6～1.2 m 的净宽度,可以设置在轨道之间,也可以设置在轨道外侧,取决于轨道的位置,如图 6.7 所示。为了提高 APM 系统的运营可靠性,某些情况下,在区间线路中需要布置连接渡线的道岔,以便把发生了故障的列车引导到疏散支线上,从而维持其他列车的正常运营。渡线的位置应在规划初期提出并在设计期间确定最终位置,通常应设置在距离车站 300～500 m 处。旅客从故障列车中疏散时,如果距离道岔过近会带来一定的风险,例如触电、被机械设备绊倒或刮伤等,因此疏散通道要与道岔保持一定的距离。国外机场的经验是以道岔结构的几何中心为圆心,半径 22 英尺(约 6.6 m)的空间范围内应避免疏散人群进入。这就需要在规划阶段精心设计渡线道岔的位置与列车停车位之间的空间关系。

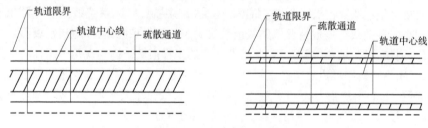

图 6.7　区间轨道示意图

2. 站区线路

站区线路是指 APM 系统车站内的轨道线路,列车在此处停下,与车站站台对接,以便乘客上下车。站区线路与车站站台的位置关系如图 6.8 所示。对于双车道 APM 系统,车站站台(中心平台或侧平台)的配置决定了两条轨道的中心距。

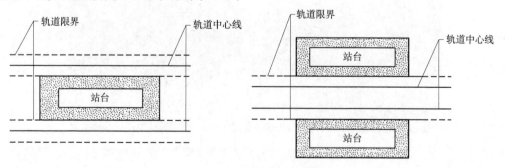

图 6.8　站区轨道示意图

为了达到尽量高的运量,机场 APM 系统通常要求以较高的行车密度运营(即尽量减少列车之间的间隔时间)。对于需要列车频繁转向(换道)的双线循环穿梭型的运营模式,转向点应尽可能接近车站,以达到最短的转向时间,从而实现最短的行车时距。在临近转向点区域,由于道岔的影响,列车横向晃动的幅度通常会大于在正常轨道上运行的幅度,上行列车和下行列车之间需要维持满足安全要求的侧向间距。当临近转向点区域存在曲线轨道,尤其是小半径曲线轨道时,列车的横向偏移会进一步加大,与转向道岔引起的晃车相叠加就可能造成上行和下行列车之间的擦碰,带来巨大的安全风险,因此在车站线路的规划中,车站之前应设置至少 50～100 m 的直线轨道,以利于布置反向道岔。

对位于线路终点的终端站的线路进行规划时,应着重考虑折返道岔的合理位置。折返道岔既可以位于车站站台的前方,也可以位于站台的后方。通常折返道岔位于站台的前方所需要铺设的渡线轨道长度最小,也能把折返时间降到最短。尽管将折返道岔配置于站台的后方需要铺设更多的渡线轨道且折返时间更长,但是若车站的整体空间布局允许,折返道岔配置于站台的后方可以缩短列车行车时距,从而提高系统总容量,因此也是一种不错的选择。

3. 渡线线路

渡线提供了正常列车绕过故障列车的运行方案,防止因某一列车发生故障而导致全线停运,可提高 APM 系统的可靠性冗余。因此该区域轨道导轨结构的水平曲线、垂直曲线以及轨道间隔设置要保证不干扰正线轨道的正常工作,如图 6.9 所示。

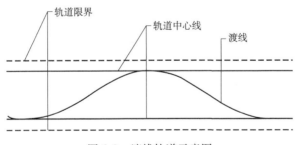

图 6.9　渡线轨道示意图

表 6.2 给出了三个区域线路几何参数的参考设计标准,包括水平曲线、竖曲线、轨道间隔、疏散通道宽度以及列车的动态包络线宽度。水平曲线标准是与列车速度相对应的最小曲线半径,可以确保站在行驶中的列车上的乘客所受的水平力不会产生不适。竖曲线标准也是如此,给出的是最小值。

表 6.2　APM 系统线路参数参考设计标准

项　目	线路区域		
	站区线路	区间线路	渡线线路
水平曲线			
正线曲线最小半径	45～90 m	45～90 m	保证道岔位于直线上
基地曲线最小半径	45 m	45 m	
折返线曲线最小半径	18～33 m	18～33 m	
外轨超高(坡度)		0～6%	

续上表

项　目	线路区域		
	站区线路	区间线路	渡线线路
纵断面与竖曲线			
地基高度	保证列车与站台地板面高度处于同一水平	—	—
线路坡度	0%	0~6%	常数
竖曲线最小半径	—	18~33 m	—
线间距	考虑车站和渡线布局而定	4.5~5 m	6.6 m
线路总宽度	考虑车站和渡线布局而定	8.5~9 m	10.5~12 m
列车动态包络线宽度	3.6 m	3.6 m	3.6 m

　　线路规划涉及投资成本、系统容量、建设难度、运营可靠性等多方面因素,不同的规划方案有可能会引起轨道和道岔布局、隧道长度、列车规模等极大的变动。因此在线路规划的各个阶段都需要运用各种先进手段对线路方案做深入、细致的研究,在多方案论证、比选的基础上,才能确定最优的方案。为了减轻规划人员繁杂的工作量,可以考虑采用先进的计算机模拟程序,以提高评价分析的效率。例如列车牵引计算仿真可以分析列车在不同线路条件下的牵引力、制动力状态,模拟列车加速、减速,直至停车的过程。在此基础上可以分析采用不同线路构型时,可以允许的列车行车密度行车时距等参数。列车/轨道动力学仿真可以模拟列车以不同速度运行于各种线路工况下的动力学性能,分析所设定的最小曲线半径、缓和曲线长度、外轨超高、竖曲线半径等对列车运行性能的影响。

6.2　客流量估算及列车配置

　　这里的客流量估算与第3章的总客流需求分析不同,是在明确了详细的线路方案,并确定了车站的位置与布局之后,对各个车站之间的旅客客流量的精确计算。

6.2.1　客流量估算方法

　　本节讨论两类常见的机场 APM 系统客流量评估方法以及在客流量估算过程中需要考虑的关键因素。这两类客流量评估方法分别为自上而下的评估方法以及自下而上的评估方法。自上而下的客流量评估方法相对简单,易于操作,但精确性偏低。这种方法所需要的主要输入参数是机场有效年度(即具有参考价值的正常年度,该年度的客流量反映了机场的正常水平)乘客人数,并应用统一的影响因子来确定高峰小时设计运量,以及不同方向的高峰小时设计运量。自下而上的客流量评估方法相对复杂,但精确性高。该方法考虑的影响因素更详细,包括依据每个登机门的航班时刻表所确定的客流量,乘客上、下飞机的速度,乘客所需步行的距离,步行速度,以及机组人员、机场员工需要搭乘 APM 系统的比例等,在此基础上确定系统所需的日客流量和小时客流量。这种方法通常需要使用专门的仿真计算软件,可以提供较为精确的日客流量和小时客流量预测结果。

　　究竟采用哪种方法取决于规划所要求的客流量评估精度,以及规划人员所能够获得的各种数据的质量和总量。

1. 自上而下的 APM 客流评估方法

自上而下的 APM 客流评估方法流程包括收集整理机场客流量参数,对数据进行统计与综合分析,根据分析结果确定 APM 系统的日高峰与小时高峰客流量等三个环节。在具体的执行上,空侧 APM 系统和陆侧 APM 系统所需要的输入参数,以及分析过程都有所不同。

对于空侧 APM 系统,输入参数包括:①机场有效年度的客流量水平参数;②月客流量影响因子;③日均月客流量影响因子;④从登机口和候机大厅离港与到港的航空旅客流量的小时客流量影响因子;⑤高峰小时客流量"人潮因子";⑥旅客携带行李的特征;⑦中转与非中转乘客比率;⑧航空公司机组人员所占的百分比;⑨机场空侧员工人数及其移动频率。对机场有效年度的客流量水平参数、各种影响因子、百分比以及其他参数进行综合统计与分析,就可以得到高峰日客流量,空侧 APM 系统的小时高峰客流量人潮因子,这两个参数是确定 APM 系统列车容量及规模的重要依据。

另外,机场是否存在其他的地面交通设施会影响选择 APM 系统的乘客量,进而对"人潮因子"产生影响,例如当旅客需要在相互距离较远的航站楼、卫星厅之间移动时,绝大多数乘客会选择 APM 系统,但是如果航站楼、卫星厅之间相距不远且有地下通道或巴士等其他交通工具可供选择时,APM 系统就可能只需承担其中一部分运量。这些都是在设计小时最高运量时必须考虑的因素。图 6.10 是常见的自上而下的 APM 客流评估方法的流程框图。

对于值机柜台、行李处、登机门位于同一座航站楼的机场,APM 系统往往只需要承运航站楼内步行距离或时间超过第 3 章所述的指标阈值的旅客。当然,这些服务水平指标可能因机场而异,并受乘客类型(商务旅行者或度假旅客等)以及机场整体配置和服务目标的影响。

通过上述针对空侧乘客的分析,可以得到 APM 车站两两之间每个方向上的小时客流量,以及每个车站进站和出站的客流量。车站间客流量峰值可以作为确定客流高峰期列车长度的依据,进而也可以确定包括车站站台长度、需要投入运营的列车规模等参数。每个车站进站和出站的客流量峰值可以作为车站站台长度和宽度尺寸调整的依据,进而还可以帮助确定自动扶梯、电梯和楼梯等连接车站站台的进、出通道的容量与技术规格。

对于陆侧 APM 系统,自上而下的 APM 客流评估所需要输入的参数很多都与空侧系统类似,但也有一些参数是陆侧系统所独有的,这些参数包括航空旅客与机场员工对进入机场的各类通道的共享模式,旅客的聚集规模,乘坐不同航班(国内或国际)的旅客前往机场的方式等。对上述这些参数与机场有效年度的客流量水平参数进行综合统计与分析,就可以得到陆侧系统双向的高峰小时客流量、日高峰客流量。这一参数也是后期确定陆侧 APM 系统列车容量及规模的依据。

与空侧数据一样,在设计年度内,陆侧 APM 系统高峰小时客流量的确定过程中必须考虑机场周边区域的其他交通设施的影响。这些可能的交通设施有:①机场停车位(包括面向乘客的短期和长期停车位,以及机场、航空公司员工的专用停车位)的位置和大小;②机场附近是否存在其他轨道交通的换乘车站,以及车站的位置;③租车场的分布;④道路网络布局;⑤影响 APM 路线位置选择的其他潜在设施;⑥其他可供选择的陆侧交通方式,如步行道,自动步行道,机场穿梭巴士等的位置、容量和频率。

与空侧系统客流量分析类似,针对陆侧系统的客流分析结果是两两车站之间的所有方向的小

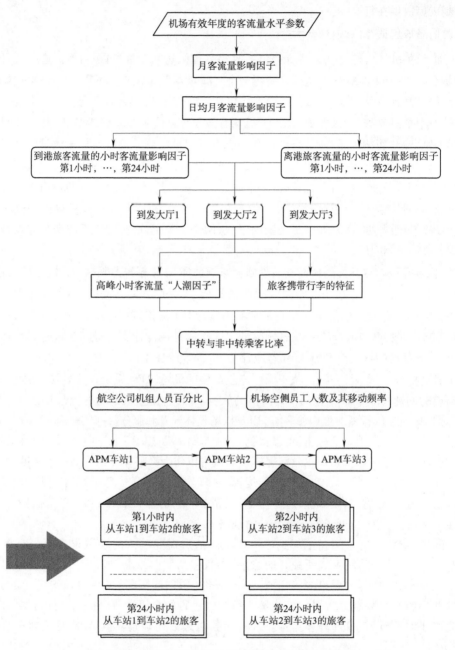

图 6.10　自上而下的 APM 客流评估方法的流程框图

时高峰客流量,以及每个车站进站和出站的小时客流量峰值。这些分析结果后续将作为确定车辆尺寸、列车编组、列车数量,以及车站站台尺寸的依据。

2. 自下而上的 APM 客流评估方法

自下而上的 APM 客流评估方法主要是依据航班时刻表数据进行客流估算,因此更适用于空侧 APM 系统,对陆侧系统并不太实用。该方法主要输入数据是预期的登机门航班时刻表。登机门航班时刻表可提供在每个登机门起飞和降落的,并以航线、机型进行分类的飞机数量信息。进一步详细的信息还包括每架飞机的飞行时间、飞机类型、座位数量与分布、载客率以及中转与非中转旅客的占比信息。通过这些详细的信息,可以对进出空侧 APM 系统车站的客运量进行以分钟为时间单位的预测,相比之下,自上而下的 APM 客流评估方法只能精确到以 15～20 min 为时间单位。

为了获得以分钟为时间单位的精确的客流量参数,对登机门航班飞行计划的乘客分析需要考虑一些额外的因素,包括按飞机类型划分的旅客出行率,旅客步行速度,登机门到 APM 车站的距离,航站楼廊道可容纳的最大流量,以及旅客进入 APM 车站站台的楼梯、自动扶梯、垂直电梯等的最大流量。

这种详细程度的客流分析通常需要由专业人员用仿真软件进行。进行这种分析是为了确定进出车站站台的楼梯、自动扶梯、垂直电梯等的数量,以及车站站台的长度和宽度尺寸。进出 APM 车站的客流总量也是确定两两车站间客流量所需的重要参数。这些客流量参数最后都可用来确定陆侧 APM 系统车辆的尺寸、列车编组辆数以及列车数量。

6.2.2　系统容量规划及列车配置

上述客流估算所得到的结果作为机场 APM 备选制式应用分析的输入数据,就可以进行所需的 APM 系统容量的计算了。计算结果通常表示为每方向每小时客流量。这一计算是总体规划过程的一个关键节点,决定了机场 APM 系统大部分的物理和性能特征,并极大地影响 APM 系统的建设成本。

1. 系统容量规划及列车配置需要考虑的因素

旅客在乘坐 APM 系统时的舒适性和便利性体验是确定车辆技术规格时需要考虑的重要因素,主要从以下几点进行考虑:

1)每乘客面积

乘客舒适度和个人空间要求是确定适当的每乘客面积分配的主要考虑因素。不同旅客对乘坐舒适度和个人空间的要求是有所不同的,例如对于商务型旅客比例较高的空侧 APM 系统,旅客往往旅行经历丰富,大都经历过交通拥挤状态,更在意快捷,对于较小的个人空间占有量多数是可以接受的。相反,对于陆侧 APM 系统,一些休闲旅客缺少交通拥挤状态的旅行经历,若个人空间分配偏小则会产生抱怨,因此应设置较大的乘客个人空间。不同机场以及同一机场在不同的时期,旅客随身携带的行李也是有一定差异的,车辆尺寸规划之前应进行随身行李调研,将结果与已经投入运营的机场 APM 系统比较之后,再确定最后的规划方案。

2)列车座位数量

列车上合理的座位数量取决于行程的持续时间:行程越长,为提高乘客舒适度所需的座位就越多。总行程时间同样是确定座位数量的关键,时间越长,需要的座位数量越多;时间越短需要的座位数越少,国外某些空侧 APM 系统的总行程时间非常短,甚至不设置座位。旅客的类型也可能会影响座位需要,例如,如果某机场的客流量中长期存在老年乘客比例较高的情况,则机场 APM 系统应考虑提供更多的座位。

轮椅乘客和带婴儿车的乘客是一个特殊群体,尽管数量不多但也必须考虑其需求而预留足够的个人空间。

3)行李所需空间

空侧和陆侧 APM 系统对行李具有不同的空间要求。空侧 APM 系统的乘客通常只携带随身行李,而陆侧 APM 通常要容纳旅客的所有行李,因此对乘客行李的分析是决定列车容量的一个非常重要的因素。不同类型的 APM 乘客的空间需求可能因携带的行李而差异巨大。

乘客行李分析的内容包括大件行李尺寸与重量、随身行李尺寸与重量以及行李车尺寸等。不同性质的机场 APM 系统对行李的调研分析必须考虑上述内容中的一项或多项,甚至是所有项目。通常陆侧 APM 系统乘客可能携带大件行李和手提行李,也可能携带大型行李车乘车;空侧 APM 系统乘客往往只携带手提行李,某些机场允许携带小型行李车乘车。国际旅客通常携带更多的行李,因此需要比国内乘客更多的行李空间。机场和航空公司员工、接送人员通常没有行李,因此需要的空间少于乘客。

乘客行李分析可以从不同群体航空乘客携带行李的历史数据入手。需要注意的是,这些统计方法不同,行李特征数据可能有很大的不同。另外,数据还随着行李包裹技术的发展(例如从手提包发展到拉杆滚轮箱等)以及不同时期机场方面对行李的要求的变化而变化。有些特定航空市场中的旅客行李特征调查数据尽管价值有限,但也应予以考虑,有助于确定较为全面的行李空间要求。

4)行李推车所需空间

允许乘客携带行李推车进入列车可以最大限度地减少搬运行李所需的工作量,并缩短上车和下车时间,因而提高了陆侧 APM 系统的乘客服务水平。乘客行李分析可以帮助确定在特定市场中乘客携带行李推车的百分比,以便建立更加准确的车内空间分配。

2. APM 系统容量估算

系统运量是指机场 APM 系统单位时间(通常为一小时)内在一个方向上运输的乘客人数。这是一个随时间变化的动态运量,而非静态运量。在项目规划阶段,轨道交通通常采用单向每小时内所能输送的旅客总数作为系统运量衡量指标。

通常,系统运量规划应当是在乘客需求、线路线形、车站位置、线路终端车站几何形态等几方面的规划已经完成之后才能进行。

绝大多数 APM 项目的系统容量规划可以通过以下几个技术环节完成:

(1)确定单列车往返所需的时间。这一步骤可以通过牵引计算仿真来完成,需要的输入参数包括线路几何参数、列车总功率、列车加速和减速等性能参数。

(2)根据调研得到的乘客和行李参数确定单车列车的定员(即每辆车的额定乘客数量)。在这一环节空侧和陆侧之间的差异可能很大。对于只有随身行李的空侧 APM 乘客,典型的个人空间分配为每位乘客 $0.3 \sim 0.4$ m^2;对于携带所有行李的陆侧 APM 系统乘客而言,每个乘客的分配面积为 $0.5 \sim 0.6$ m^2;站立乘客所需的个人空间略小于座位乘客,但是若乘客使用了行李推车则可能需要两倍于上述的空间。在对行李外形尺寸的规定方面,国内国外有所不同。我国对航空旅客行李尺寸进行了统一的规定,即随身携带行李的体积三边之和不能超过 115 cm,即体积不超过 55 cm × 40 cm × 20 cm,超标的行李要托运。国外,如美国则是很多机场都有自己的行李尺寸规定。

座椅的安排要在适当的区域,不影响站立乘客的移动,通常每个车厢都要有容纳轮椅乘客的空间,每个车厢有座位的乘客应占有全部乘客容量的 10% 以上,站立乘客都要有安全的扶手。

将车内地板总面积按照站立、座位、携带随身行李、携带全部行李、携带大型行李车、携带小型行李车等不同的乘客类型和数量进行分配,最终就可得到每辆车的定员。

(3)确定单车列车运行模式下的 APM 系统单向小时运量的算法。单车列车运行模式下的 APM 系统单向小时运量的算法,是线路任意一断面 1 小时内通过的单车列车的数量乘以由步骤(2)所确定的车辆定员。线路任意断面 1 小时内通过的列车的数量是 3 600 除以列车行车时距(以秒为单位)。具体的计算公式如下:

$$C_L = \frac{3\,600 C_v n}{h_0} \tag{6-1}$$

式中　C_L 为单车列车运行模式下的 APM 系统单向小时运量(人次/h);

C_v 为每节车厢的定员(人/车厢);

n 为每列车编组车辆数(在该计算步骤中,n 取 1);

h_0 为车辆之间的最小行车时距(s)。

(4)确定 APM 系统配置所能实现的最小行车时距(列车最大数量)。最小行车时距因 APM 系统的线路、道岔、车站、列车动力系统、列车运行模式等的配置而异。对于单线穿梭运行模式,最小行车时距就是列车往返一次所需时间;对于双线穿梭运行模式,最小行车时距就是列车往返一次所需时间的一半。对于双线循环运行模式,最小行车时距取决于线路终端站的道岔配置(可通过列车运行动态建模仿真获得),车站间距和列车控制协议(机制),列车在各个车站的停留时间(与列车车门数量、乘客总量、乘客上下车的效率等有关)以及其他因素。对于双线循环运行 APM 系统,规划的目标通常是最小行车时距限制在 90 s 左右。对于某些技术制式和线路、列车以及控制系统配置,可能会有更短的行车时距,但要注意的是某些制造商所给出的行车时距过于优化,如果后续的技术选择和实践操作证明达不到相关标准,则会产生很大的负面影响。

(5)在考虑技术和车站站台长度限制的前提下确定列车最大长度。大多数 APM 系统列车的最大长度约为 50 m,极少数可达到 75 m。某些线路系统配置以及车站位置参数可能会限制列车的长度。最大列车长度和最小行车时距是决定 APM 系统最大容量的关键参数。

(6)逐步增加列车数量和列车长度(编组辆数),计算系统的小时运量,直至达到所需要的小时高峰运量。APM 系统运力的计算方法为

APM 系统小时运量 = 3 600/往返时间 × 列车编组辆数 × 车辆定员

全自动无人驾驶系统的一个主要优势是行车密度更高,这相当于提供了更高的服务水平。考虑到车站的建设成本,理想的配置应该是较小的列车编组、较短的行车时距以及较短/较小的车站。国外的实践表明,从乘客使用体验角度来看,机场 APM 系统采用较小的列车编组、较大的行车密度优于较大的列车编组、较小的行车密度,其原因在于前者有效缩短了等车时间。一般情况下,按照 2 min 的行车时距来调整每列车的编组数量是合适的。

APM 系统容量估算方法如图 6.11 所示。

3. 列车配置

APM 列车的技术规格取决于预测的乘客数量(即乘客需求分析),乘客的特征以及车辆制式、运营模式所决定的技术特点。表征 APM 列车技术规格的主要技术参数如下:

1)车辆长度

目前在已经开通的机场 APM 系统中,最常见的车辆是大约 12 m 长和 3 m 宽的大型车辆。大

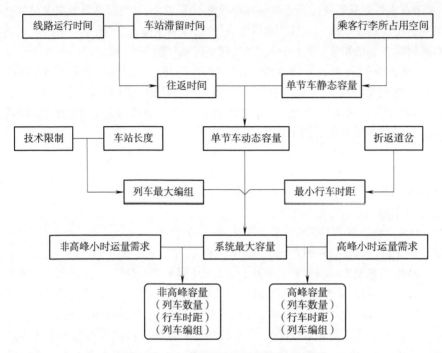

图 6.11   APM 系统容量估算方法流程图

多数 APM 系统供应商都提供这种长度的自身动力车辆,如庞巴迪、三菱和西门子等。还有一些 APM 供应商提供更短的自身动力车辆和缆绳动力车辆,包括 Schwager Davis,Inc. ,Doppelmayr Cable Car(DCC) 和 Leitner Poma Mini Metro 等。庞巴迪在纽约机场 JFK 线、北京首都国际机场陆侧 APM 系统的直线电机车辆是已经投入运用的 APM 车辆中较大型、速度也更快的车辆,其线路长度和站间距离都比其他机场 APM 要长得多。

2)最大列车长度

在机场 APM 系统的规划实践中,大型自身动力列车的编组可以多达六辆车,总长度约 75 m。在双线循环运行 APM 系统中,列车的最大长度受到车辆结构和车站站台设计要求的限制,列车一般为四辆编组,最大长度为 48 ~ 52 m。绳缆动力列车通常受到驱动轮摩擦系数、绳缆长度、坡度、线路曲率以及其他因素的限制,因此宽型车(3 m 以上)的列车长度通常限制在大约 36 m。缆绳动力列车车辆之间的连接方式与自身动力列车有所不同。某些列车是通过一些特殊技术将构成列车的每辆车同步运行,但车辆之间是相互独立的,即都可以作为单个车辆运行。当然,更多是将两辆以上的车辆通过车端连接装置永久连接。

3)列车容积

规划列车容积需要考虑的因素包括:①乘客的数量(包括坐位和站立乘客);②乘客类型和特征(包括已通过安检,即安全的,未通过安检,即不安全,携带随身行李,携带全部行李等);③随身行李的尺寸;④任何与行李推车相关的车辆设计因素。此外,乘客上车和下车所需的必要空间也是列车容积规划所必须考虑的。车门的数量,车门的宽度,车站站台的布置形式(即站台是布置在列车一侧还是两侧),车站结构(包括支撑立柱等)对乘客上下车路径的干扰程度,与车门开、关时间相关的其他因素等都可能对乘客上车和下车产生影响。一般而言有利于乘客及时上下车的一岛两侧式站台布局可以减少列车在车站的停留时间,进而提高行车密度,达到以较少的列车保有量实现较大的运输能力的目的。

最佳的列车容量是在列车长度、行车时距、车站站台容量以及影响乘客进、出车站效率的楼梯、垂直电梯、自动扶梯布局等诸多因素之间寻求折中。某些 APM 供应商只提供两辆编组的列车,因此需要以两辆车为单位来增加列车长度。某些类型的单轨列车乘客在车厢之间不能流动,当某一辆车车门发生故障时,乘客不能及时从其他车辆车门下车,因此会影响下车效率。一些列车采用了贯通道式车端连接技术,乘客可在不同车厢之间移动,这有助于使整个列车中的乘客均衡分布。

4)列车性能

区间最高运行速度是 APM 列车的最重要性能之一。在列车规划阶段需着重考虑各种影响最高运行速度的因素。一般而言,最高运行速度的取值与车站之间的最大距离密切相关。典型的机场 APM 系统的列车最高运营速度在 50 ~ 70 km/h 之间,但车辆设计速度(或称为构造速度、最高试验速度)一般在 80 km/h 左右。过高的设计速度可能会牺牲车辆其他方面的性能。列车加速度、减速度以及通过曲线时的离加速度都能在一定程度上造成乘客的不适,对于站立乘客尤其如此。因此为了保证必要的乘坐舒适性质量,列车运营速度不宜过高。

5)行车密度与线路容量

对于机场 APM 系统常常采用的穿梭运行模式来说,制约列车缩短行车时距的关键在于线路终端站列车换向所需的时间。具备在终端车站的远端对列车实施换向能力的机场 APM 系统尽管可以最大限度地缩短行车时距,但是也会增加列车往返的时间并且需要配备更多的列车。同时线路的长度也将增加,导致建设成本增高。具备在终端车站的近端对列车实施换向能力的机场 APM 系统可以减少列车的配置规模,但同时也会增加行车时距。

由于一天之内的客运量需求是不断变化的,可以考虑在不同的时段采用不同的行车密度以适应这种变化,从而减少列车的损耗并降低运营成本。这种变行车密度的运营模式需要对一天内的客流变化有较为准确的掌握。

6)列车保有量

具有双线穿梭循环运行能力的机场 APM 系统是运量最大的类型之一,其列车保有量包含三个部分:一是可以满足小时最高峰期客运量行车密度的正线运行列车数;二是至少一列整备好、随时可以上线替代故障列车的整备列车;第三是维护基地内的检修备用列车数。通常维护基地内列车检修、备用数要达到正线运行、整备备用列车总数的 20% 以上。如果正线运行、整备备用列车总数偏少以至于其 20% 的数量不够两列时,应至少配备两列检修备用列车。在列车总保有量不变的情况下,检修备用列车数的增加意味着正线运行列车数的减少,检修备用列车数过少时,为了保证正线运行列车的数量,通常必须把一部分列车的周期性维护安排在夜间进行。如果备用列车足够多,则列车的维护工作可以全部安排在白天进行,这样就可以避免维护人员在夜间工作,从而节省昂贵的夜班人员薪资费用。

7)残疾和行动障碍乘客的规定

作为一种公共交通工具,机场 APM 系统的设备、设施,如列车、车站等必须具备便于残疾和行动障碍乘客进、出站和乘车。涉及列车规划的内容包括:①车门宽度应便于轮椅乘客进出;②车内地板与车站站台应处于同一高度;③连接两车厢的贯通道地板高度与车内地板高度一致;④设置行动障碍残疾乘客专座并予以标识;⑤水平和垂直扶手应便于残疾和行动障碍乘客使用;⑥通信和报警装置等应便于残疾和行动障碍乘客使用;⑦车内地板面上不存在可能干扰残疾和行动障碍乘客移动的障碍。

6.2.3 系统冗余规划

可靠性和可用性对机场 APM 系统至关重要。因此,列车规划的最后一个环节是专业的可靠性分析。这一环节的目的是预测各种潜在的故障模式及其对列车功能的影响,提出列车在设计方面可采用的预防改进措施。针对每一种故障模式还要制定出相应的故障操作模式。提高系统可靠性的解决方案是提高系统的冗余。冗余是指 APM 系统能够克服车辆或路旁故障并保持运行的方法,当然会降低对乘客的服务水平。例如对于常见的双线穿梭循环运行系统,可以考虑设置旁路、渡线等。当双线中的一条线路的某一点出现故障而影响通行时,启动故障运行,利用旁路、渡线以及换向道岔与另一条线路构成单线穿梭运行模式,尽管运输效率有所下降,但保证了系统不停运。

实现系统冗余的不同方法差别很大,哪种方法都会增加额外的建设费用,因此成本和必要性分析非常重要。应该根据冗余的必要性和能达到的可靠性水平来权衡实现冗余的成本。例如,如果 APM 系统是通往机场航站楼的主要途径,则系统必须具备较高水平的冗余度,因为 APM 系统的故障会对机场、航空公司的正常运作产生灾难性的负面影响。相反,如果通往航站楼还有其他通道,例如 APM 系统的旁边还有连接了自动步行道的行人走廊,则 APM 系统对机场和航空公司的运营来说不是唯一的依靠,因此可降低对 APM 系统冗余性的要求。大型枢纽机场入住的航空公司、经营的航线更多,还存在着大量的转机乘客,因此其空侧 APM 系统应比陆侧 APM 系统具有更大的冗余性,以保证在任何高峰时段都能迅速将直达和转机旅客以门对门的方式运送到目的地。

提高 APM 系统的冗余可以有多种方式。对各种提高冗余的方法及其付出成本的论证和分析应从 APM 系统规划的初始阶段就启动。以下是可以实现 APM 系统冗余提升的三种方式:

1)在系统设计初期确定冗余方案

每个 APM 系统都有其固有冗余性,取决于系统的物理架构,因此初始设计会大大影响冗余。例如,对于缆绳动力的双线穿梭式 APM 系统,若将两条线路上的列车连接到一根驱动缆绳,并由一个电机驱动,是经济性较好的一种设计。但是,一旦驱动电机或支撑缆绳的滑轮出现故障就必须关闭整个系统,因此该设计冗余度较差。另一种设计每条线路上的列车都由独立的驱动电机和驱动绳索驱动。因此,一条线上的故障只能影响一条车道,系统还可以维持剩余的 50% 运量,直至完成修理。显然这一设计具有更高的冗余度,但建设成本也相应提高。

2)降级运行

APM 系统导轨的物理布局通常允许在正线或正线上的列车故障期间,其他列车可降级运行于无故障路段线上。例如,当正线出现单向或多点故障时,单环线循环系统可以借助于道岔和渡线降级成单线穿梭或单线(带旁路)穿梭系统。同样,双线穿梭循环系统也可以事先设置多种降级运行模式,当某一列车或正线线路某一点发生故障时,其他列车以降级的其他穿梭模式运行,维持一定的运输能力。

3)设置绕行线路

绕行线路与正线之间通过道岔与渡线连接。当某一列车或正线线路某一点发生故障时,其他无故障列车可以进入绕行线路,从而在故障点周围正常运行。

6.3 车站规划

机场 APM 系统成功的前提是必须很好地融入机场和航站楼设施,其标志是系统的易用性好且能高效率地运转。车站沿线路布置为乘客提供进入 APM 系统的接口。一般而言,机场 APM 系统的车站不设置备用车站,即所有列车在所有站点都要停靠并完成旅客作业。车站设备由 APM 系统供应商提供,包括站台屏蔽门、旅客动态信息显示系统等。通常车站配置有设备室以容纳命令、控制和通信设备以及其他 APM 设备。本节将在介绍 APM 车站特点、系统构成的基础上,讨论车站的规划。

6.3.1 车站规划需要考虑的因素

车站提供了 APM 列车与 APM 系统所服务的机场设施之间的物理连接。APM 车站包括一个或多个站台,供乘客等车和上下车。通常情况下,站台区域与轨道区域之间会设置透明的玻璃屏蔽墙,以保证站台上乘客的安全。当列车停在停车位时,与列车车门对应的位置设置屏蔽门,作为乘客上下车的通道。车站入口处通过水平通道、楼梯、自动步行道、垂直电梯等与机场其他设施连接,乘客通过这些通道进入或离开车站。

如第 2 章所述,作为 APM 系统与机场设施之间的直接接口,车站是机场 APM 系统最关键的子系统之一,对于系统功能的正常发挥起着关键的作用。车站建筑物、站台等必须具有合理的尺寸,配置适当的设备以高效和可靠地满足乘客的需求。因此,车站规划时需要考虑的因素众多,例如必须考虑乘客的分类特征,乘客所携带的行李的特点,楼梯、自动扶梯、垂直电梯等通道所需的空间,以及乘客在上下车过程中迂回排队所需空间等。本节讨论影响 APM 车站规划的最关键因素,包括:站台配置、楼梯、自动扶梯、垂直电梯等垂直通道,以及车站屏蔽门等。

1. 站台配置

站台是指进入 APM 车站后方便旅客上下车的一段与列车车门踏步平行的平台,位于车站障碍墙、屏蔽门内侧,包括乘客排队区域。一个 APM 站可能有多个站台。本书第 2 章介绍了三种 APM 站台布置形式,即岛式、侧式和岛侧混合式。

站台配置的类型受多种因素的影响,不同机场的影响因素也会有很大的差异。这些因素包括:乘客分类乘车的要求,乘客在车站内的需求,既有设施、设备对站台布局的物理限制,以及因站台水平高度变化而产生的需求等。

2. 乘客分类乘车的要求

机场 APM 系统的乘客分类乘车的要求包括始发和目的地乘客、中转乘客的相互隔离,通过安检与未通过安检乘客的相互隔离,经过检疫和未经过检疫乘客的相互隔离(通常在一些传染病流行期间执行)等。在一些 APM 系统中,由于安全和检疫的原因,始发和目的地乘客需要被分开。例如,在大型国际机场,离境的旅客通常是合法居民或是通过移民机构审核获准进入该国的居民或访客。目的地旅客则是尚未通过移民机构审核的旅客。因此,这些乘客类型将被隔离而分类乘车。机场空侧 APM 系统的车站站台的布局必须具备这些隔离不同类型乘客的功能。

隔离不同类型乘客的最好办法是为每一类乘客提供单独的站台空间。否则,就需要对站台进行分区。例如,对于岛式站台,若不进行分区就不能有效隔离乘客,除非为每种乘客类型提供不同的 APM 系统,而这几乎是不可能实现的。因此岛式站台必须进行分区来隔离乘客。每个分区需要设置垂直电梯、独立的楼梯、自动扶梯等垂直疏散通道。这些要求不可避免地会导致站台尺寸的增加,从而增加车站建设与维护成本。

因每个车站都有两个以上相对独立的站台,侧式和岛侧混合式站台更容易实现乘客分类隔离,可以方便地为每个类型的乘客提供单独的站台空间以保持相互之间的隔离。站台不需要分区,也不需要设置额外的楼梯、自动扶梯、垂直电梯等,从而可能减小对站台尺寸的要求,降低建设成本。

3. 乘客疏散需求

乘客在站台上候车、排队上车、下车对空间的要求将影响站台配置的大小和可能的类型。例如,对于双向运量都有望随着时间的推移不断增长的 APM 系统,采用双侧站台是合适的,可以为每个方向的旅客提供一个专用的站台,减轻站台上的拥堵。

岛侧混合式站台具有三个相对独立的站台,因此可以高效率地应对客流高峰期的人员流动。上车的乘客通过列车一侧的站台和车门进入列车,而下车的旅客通过列车另一侧的车门和站台离开列车。这种站台布局为上车和下车的乘客都提供了畅通无阻的通道,有助于加快乘客的流动从而缩短在车站上的停留时间。当站台高度与相邻设施地板高度不一致,需要通过自动扶梯、垂直电梯等连接时,岛侧混合式站台所需要配置的设备也更少,因为每个站台只需要一套单独向上或向下的自动扶梯、电梯即可。

4. 乘客垂向移动需求

在车站布局规划方面,要考虑乘客是否需要在地板面高度不同的场合之间移动(即垂向移动)。合理的站台布局应当是站台高度与相邻设施(航站楼大厅、登机门区域等)的地板面高度尽量一致。以降低乘客垂向移动的需求,从而减小站台尺寸。

与邻近设施处于同一地板高度的站台可以不配置自动扶梯、垂直电梯等乘客垂向移动设备。例如,采用双线穿梭模式的坦帕国际机场和奥兰多国际机场的空侧 APM 系统都没有配置自动扶梯、垂直电梯。

与邻近设施处于同一地板高度的线路终端站也不需要配置自动扶梯、垂直电梯等客流垂向移动设备。如图 6.12 所示,在这种情况下,车站可以认为是邻近设施的延伸部分,乘客可以直接在设施和站台之间步行移动。

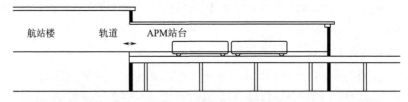

图 6.12　无须配置客流垂向移动设备的线路终端车站布局示意图

岛式和岛侧混合式布局的线路中间车站,即使其站台高度与邻近设施地板处于同一水平,依然需要配置乘客垂向移动设备。这两种车站布局都有一个位于上、下行车线路之间的站台,在这个站台上下车的乘客需要通过天桥或地下通道越过轨道,自动扶梯、垂直电梯等乘客垂向移动设备是必不可少的。配置客流垂向移动设备不仅要增大车站站台的尺寸,也提高了建设成本。对于侧式布局的车站站台,乘客可以从两侧直接进入或离开车站,不需要越过轨道,因此多数不需要布置乘客垂向移动设备。但是某些侧式布局站台的两侧站台中只有一侧与机场设施连接,另一侧站台无法与机场设施直接连接,这时就需要乘客垂向移动设备来帮助乘客越过轨道到达另一侧站台。综上所述,多数情况下,自动扶梯、垂直电梯等乘客垂向移动设备是乘客从机场其他设施进入 APM 系统的必经通道,因此应当视作 APM 车站的一个组成部分。

5. 物理和几何约束

不同类型乘客的隔离需求只是影响车站站台布局的因素之一,站台高度与相邻设施地板面高度的差异,机场内其他设施对车站空间布局的物理和几何限制等也都是重要的影响因素。例如,当计划把一个车站建在现有设施结构下方的隧道中时,为了保证支撑结构的稳定,通常要求两条线并列分布,只有采用侧式站台分布才能满足这一要求。这种情况下,尽管岛式站台、侧岛混合式站台更易于实现乘客的隔离,但还是只能采用侧式站台。

另外,不同 APM 系统线路构型在几何形状方面的限制也可能会影响站台布局的选择。例如,对于双线循环 APM 系统,双线之间的间隙通常较窄,无法容下尺寸过大的岛式站台,采用面积较小的岛式站台又不易实现乘客的隔离,因此采用侧式站台是最佳的选择。

6. 站台屏蔽门

玻璃幕墙与站台屏蔽门集成在一起,在乘客与导轨上运行的列车之间提供了屏障。屏蔽门通常是自动化开启和关闭的双门系统。列车准确停靠时,站台屏蔽门与列车车门刚好对齐。设置屏蔽门的主要目的是防止人员跌落轨道发生意外事故,降低车站空调通风系统的运行能耗,同时减少列车运行噪声和活塞风对车站的影响,为乘客提供一个安全、舒适的候车环境,避免因站台事故而延误运营,提高轨道交通的服务水平,为轨道交通系统实现无人驾驶创造必要条件。

站台屏蔽门附近一般设置有协助乘客使用 APM 系统的动态信息显示系统。也有些车站把信息显示系统悬挂在车站中心的天花板上。这些动态显示系统提供有关列车目的地,车门状态以及其他相关信息。

7. 乘客垂向移动设备

APM 车站以及整个机场航站楼的乘客垂向移动功能通常由自动扶梯和垂直电梯提供。

自动扶梯是由一台特种结构形式的链式输送机和两台特殊结构形式的胶带输送机组合而成,带有由分开的铝制或钢制台阶连接在一起的循环运动梯路,用以在建筑物的不同层高间向上或向下倾斜输送乘客的一种恒速输送机械设备。一般来说,除了进行预防性维护期间或意外停机外,自动扶梯的运行是连续的。

自动扶梯通常可以通过按钮进行操作,也可以通过运动传感器检测接近的乘客,并在到达之前开始移动。目前市场上通用的标准自动扶梯的额定速度在 $0.5 \sim 0.7$ m/s 之间。一些机场允许旅客携带专门设计的行李车进入自动扶梯。表 6.3 列出了国外机场常用自动扶梯宽度的标称尺寸。

表 6.3　机场常用自动扶梯宽度的标称尺寸

电梯类型	名义宽度/cm	每梯级载人数量	典型应用
中型	81	1 人外加 1 旅行包	小型机场
大型	101	2 人	地铁、大型机场、APM 车站
超大型	122	2 人以上	新建大型机场

垂直电梯,在机场乘客服务中通常使用两种垂直电梯类型,牵引电梯和液压电梯。牵引电梯使用缠绕在滑轮上的钢缆(或绳索)向上或向下移动达到升降轿厢的目的。这种类型的电梯得名于钢缆与滑轮之间摩擦产生的牵引力。轿厢和人员的重量与配重抵消,因此只需要较少的能量就能移动轿厢。液压电梯使用液压动力源对地下活塞加压以升高或降低电梯轿厢。由于地下圆筒结构油缸的长度随着电梯可升降高度的增加而增加,为了控制建设成本,液压升降机通常仅用于升降高度较小的情况(最大 6~7 层)。另外,液压升降机也比牵引升降机速度慢。

电梯系统的最新技术创新包括采用微处理器控制系统,使用低摩擦无齿轮结构的永磁电机,以及将动力装置安装在电梯竖井墙面与导轨之间,从而无须配置专门的机房,节约空间和建设成本。

标准商用电梯轿厢的标称尺寸因制造商、电梯类型和型号而异。目前在机场使用的乘客电梯的一般尺寸范围如下:小型电梯,1.8×1.3 m,门宽 0.9 m;大型电梯,2.1×2.1 m,门宽 1.2 m。

APM 车站应优先考虑采用双开门电梯。这种电梯在轿厢的两侧都有门,允许离开和进入电梯的乘客分别使用不同的门,从而提高疏散效率,减少停留时间,并可能减少所需安装的电梯总数。自动扶梯和垂直电梯可以设置在站台宽度方向上的中心、一侧或两侧;同样在站台长度方向上,自动扶梯和垂直电梯可以设置在中心、一端或两端。图 6.13 是一个在站台长度方向上的两端都布置自动扶梯和垂直电梯的 APM 车站站台平面示意图。图 6.14 则是一个仅在一端布置自动扶梯和垂直电梯的 APM 车站站台平面示意图。从图中可以看出,图 6.14 的布局会导致站台末端在客流高峰期非常拥挤。一般情况下,布置自动扶梯和垂直电梯需要增加站台在宽度方向的尺寸。

图 6.13　两端布置自动扶梯和垂直电梯的 APM 车站站台

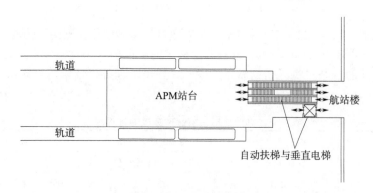

图 6.14　一端布置自动扶梯和垂直电梯的 APM 车站站台

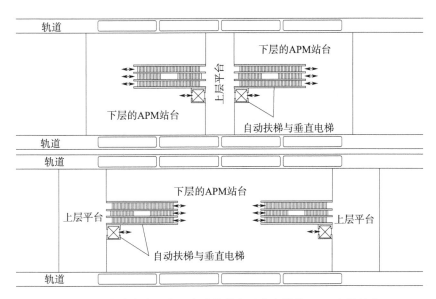

图 6.15　在站台中心布置自动扶梯和垂直电梯的 APM 车站站台

影响自动扶梯和垂直电梯布局的因素有很多,包括车站与相邻设施的相对方位,乘客在站台上可能的聚集程度,以及其他一些地形、地物方面的限制。

从俯视角度来看,车站相对于临近设施的方位可以是垂直关系,也可以是平行关系;从侧视角度来看,车站与临近设施可以在同一高度,也可以在其下方。自动扶梯和垂直电梯的最佳布局应当是可以最大限度地减少乘客的步行距离、排队的规模,尤其是要尽量避免出现两股人流相对流动。

车站方位平行于临近设施的车站站台在两端都布置自动扶梯和垂直电梯往往会有较好的服务效果。这种配置使得客流可以在站台两侧均衡分布,从而减少了乘客排队的规模,最大限度地缩短了乘客在站台上的步行距离,并有可能减小站台的宽度。

相反,车站方位垂直于临近设施的车站站台在一端布置自动扶梯和垂直电梯往往会有较好的服务效果,可以减少乘客的总体步行距离。如图 6.15 所示,离开车站的乘客不需要沿着与临近设施相反的方向行走,可以直接向前行走进入自动扶梯或垂直电梯,出了电梯就进入临近设施。当然,一端布置自动扶梯和垂直电梯可能会导致站台的整体宽度增加。

受行车密度、车站站台几何形状、车门和屏蔽门位置的影响,车站内的乘客既可能是均匀分布在站台上,也可能在短时间内聚集在其中一点。如果可能的话,自动扶梯和垂直电梯的入口应该尽量接近乘客容易聚集地点。同时,在确定自动扶梯或垂直电梯位置时,还应考虑乘客的其他需求。例如,如果车站位于行李领取区域的正下方,下车乘客流向行李领取区,而领取了行李的乘客则从行李领取区流向车站进站口,这种情况下可以在行李大厅的两端设置自动扶梯和垂直电梯。这种布置可以将下车客流和上车客流分别吸引到站台两端,从而减少自动扶梯末端的拥挤,并有可能减小整个站台的宽度。

相反,如果大多数乘客的需求是集中在车站的一端,那么分流是没有意义的。例如,如果车站位于票务区、登机门,或行李领取区的一端,则进出车站的自动扶梯或垂直电梯应该布置于该端。

6.3.2　车站规划方法

1.APM 车站位置和布局规划的原则

(1)考虑航站楼/机场的配置及其对车站的限制;

(2)最小化乘客的步行距离;

(3)最小化站台与临近设施地板面的高度差;

(4)提供足够的乘客排队和迂回的空间,以确保乘客等车期间的舒适度;

(5)设置充分、合理的信息指示设备,最大限度降低乘客的寻路难度;

(6)创造安全的等车、登车和下车环境。

在上述原则指导下,考虑到乘客的最佳乘坐体验,可以从以下几个方面进行车站的规划:

1)车站所占用的空间

车站的总体几何尺寸取决于列车的长度,乘客数量、乘客对个人空间的要求,乘客在垂直电梯与自动扶梯、楼梯上流动的空间要求,乘客在车门、电梯入口处迂回排队所需的地板面积等。总之,保证乘客的舒适性和安全性是在规划站台尺寸大小时的首要考虑因素。

2)站台高度

如果有可能,应尽可能降低站台地板面与临近设施地板面之间的高度差,方便乘客步行穿行。实际上,很多机场 APM 系统的中间车站都与线路终端站站台车站一样采用了与临近的航站楼功能区相同的地板面高度,非常有利于乘客步行进入和离开车站。

3)乘客登车队列

人流量较大时,乘客等车、登车,进入自动扶梯或垂直电梯等都需要排队。站台设备、设施的布局规划应尽量使这些队列与站台上的其他乘客能够隔离开,以免影响其他乘客的行动自由。此外,应规划专门的排队区域,使排队上车的乘客队列均匀分散在列车的各个车门,从而空出站台中部空间以供其他乘客使用。车站配置的自动扶梯、垂直电梯的载客能力、位置和数量应足以确保能及时疏散乘客,确保不会因队列过长而产生潜在的不安全因素。

4)乘客平面流动分析

车站站台布局应当有利于乘客的顺畅、有序流动。通常,交叉流动会带来拥堵,因此应在站台设备、设施布局阶段考虑将不同客流隔离的方案。如果有可能,最好将上车站台与下车站台分开,采用岛侧混合式站台,乘客从中心岛站台登车,并从列车另一侧的侧式站台下车。

5)乘客垂直流动分析

分析自动扶梯和垂直电梯的运载能力,确定设置可以满足乘客垂直流动需求的配置数量,前提是乘客排队不会太长,排队时间也处于可接受的范围。在确定自动扶梯和垂直电梯的运载能力时,规划人员还应从乘客舒适度出发,考虑扶梯宽度和电梯轿厢面积的大小,以满足乘客个人空间要求和行李空间要求。

6)垂直流动设备布置位置分析

首先,垂直流动设备布置位置应使乘客能够直接移动到其目的地,不需要再迂回。其次,垂直流动设备位置处应该有较好的视野,站在那里的乘客应该可以较清晰地看到周围通向各种功能设施的路径,使乘客快速确定最佳路径而不易混淆。

7)车辆地板面与站台地面高度差

车站站台和车辆地板高度差应满足无障碍通过的要求,为乘客上车和下车提供最大的便利,并且允许坐轮椅的乘客以及滚动行李箱、行李车或婴儿车能轻松登上车辆。

8）车站玻璃幕墙与屏蔽门

车站站台边缘的玻璃幕墙与屏蔽门将站台等候区与导轨区隔离开。这是为了保护乘客安全，并防止物品（如行李和行李车等）掉入导轨区域。对于机场空侧 APM 系统来说，玻璃幕墙与屏蔽门尤其重要，其原因在于很多乘客不熟悉 APM 系统的使用环境，导致人员和物品跌落入轨道的风险增加。另外，玻璃幕墙与屏蔽门在一定程度上可以抑制站台区域与轨道、隧道区域之间的空气流动，从而为站台区域的空气环境控制提供了帮助。

9）乘客导乘信息系统

乘客导乘信息系统使乘客更容易理解机场 APM 系统的功能并导航到目的地。传统方式是采用标牌，很多机场采取了一些创意措施来提高标牌的观赏性，加强对乘客眼球的吸引，例如丹佛国际机场就使用了艺术作品标牌，一系列微小的印象派飞机指向 APM 站台一端的自动扶梯和垂直电梯入口。最新的导航技术是采用成熟、可靠的网络技术和多媒体传输、显示技术，在指定的时间，将指定的信息显示给指定的乘客群体，以帮助乘客查询正确的路线。若有可能，应尽量使乘客在不依靠乘客导乘信息系统情况下，仅靠人的视觉就可以清晰地看到自动扶梯和垂直电梯所能够到达的值机柜台、行李领取处等目的地，这会使乘客获得更好的 APM 系统使用体验。

10）感知安全问题

提高乘客安全感也是 APM 车站规划的关注点之一。国外的实践表明，乘客安全感随着其视野的开阔而增加，因此站台布局设计应当使得乘客可以很容易地看清楚车站的全貌，没有被遮挡住的空间。如前所述，透明度很高的站台边缘玻璃幕墙与玻璃屏蔽门就是一个可以增加乘客安全感的设计。

2. 乘客空间分配

详细分析不同乘客所需空间的大小是科学确定车站总体空间规模的前提。乘客空间分配包括乘客的个人空间和随身行李的分配，某些情况下还要考虑乘客携带需要托运的大件行李乘车时所占用的空间。行李推车、婴儿车、轮椅，以及需要在站台上步行的乘客所占用的额外的空间也要着重考虑。

图 6.16 是美国与欧洲国家的一些机场空侧 APM 系统车站站台布局规划时，为携带各类行李推车、婴儿车、轮椅的乘客分配占用空间的参考标准，图 6.17 则是为携带各种行李包（箱）的乘客分配占用空间的参考标准（图中尺寸单位为 cm）。

各种类型航空旅客的特点各不相同，难以总结出太多共同的特征。不同国家、不同地区、不同机场旅客的行李特征，行李车的使用程度，出行的目的等都有很大的不同。国际旅客与国内乘客，商务旅客与休闲旅客各有其特点。服务大都市的大型枢纽机场的旅客与专门服务度假圣地的小型机场的旅客之间也有很大的差异。在规划乘客个人空间参数时应考虑这些差异。

乘客空间分配参数一旦确定，就可用于对乘客上车排队、迂回所需空间进行决策。此外，为了确定楼梯、自动扶梯、垂直电梯的数量和规格，首先要确定正常情况下行李车使用者，带婴儿车的家庭以及行动不便者在乘客中所占的比例。

鉴于乘客空间分配与 APM 系统的乘客服务水平密切相关，必须科学确定具体的参数标准。这对于精确确定车站站台尺寸、乘客垂直流动设备的容量和运输能力是十分必要的。在确定了适当的乘客空间分配标准和服务水平的前提下，在车站规划阶段，既可以为现有客流提供充足的乘客个人空间和垂直流动运输能力，又能保留一定的发展余量以满足未来客流量不断增长的需求，

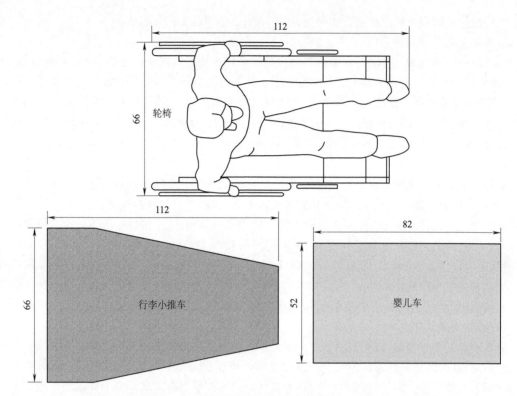

图 6.16　空侧 APM 系统车站为各类乘客分配占用空间的参考标准

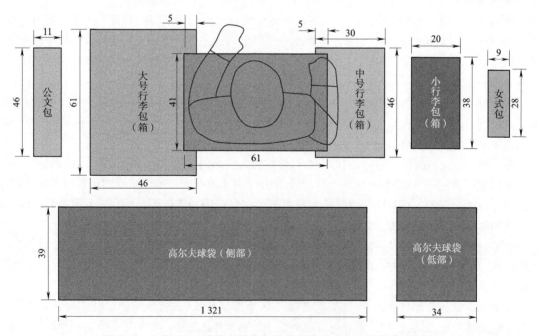

图 6.17　空侧 APM 系统车站为各类乘客分配占用空间的参考标准

同时还可以避免空间容量和运输能力过剩,造成建设经费的浪费。APM 车站规划人员可以参考 IATA 机场发展参考手册中关于不同级别服务水平的乘客空间分配的建议来确定车站的标准。在 IATA 机场发展参考手册中,建议使用六个级别的服务水平来定义乘客个人空间分配。最高级别的服务是 A 级别,表示允许乘客自由活动并选择步行速度和走行方向的个人空间分配。服务水平"C"定义为在期望的设计水平的 85% 的时间内,为乘客提供较小的移动自由度并且限制步行速度,但是不会以不适当的方式限制乘客的移动。因此,APM 车站基本尺寸的规划应参考所服务的机场的乘客空间分配标准与服务水平来确定。

性能标准,如乘客最大排队等待时间、服务所有乘客所需的时间等,也是车站尺寸规划要考虑的因素。乘客最大排队等待时间通常用于确定是否提供了足够的乘客垂直流动设备。服务所有乘客的最长时间以及所有乘客离开站台所需的最长时间用于确定所有乘客在下一班列车到达之前是否能够全部离开。规划得当的话,可以有效减轻影响 APM 安全运行的乘客排队队列过长的问题。

每个车站机场 APM 系统的配置,各个车站的客流量、客流流向都有所不同。为了确定车站站台尺寸,需要对每个车站的乘客流程进行精确的量化分析。这些分析结果可以作为适当调整车站站台、电梯和自动扶梯等附属服务设备尺寸规格的依据。正如本书第 2 章所述,机场 APM 系统客流流程分析是一个非常复杂的过程,工作量巨大,通常需要借助电子表格工具和计算机模拟技术。

具有合理的、足够大的站台空间尺寸,是车站高效率完成 APM 系统与机场之间接口功能的必要条件。为了确定站台的最小宽度,仔细评估和分析乘客在车站所需排队的长度是十分必需的。如果站台尺寸不够,APM 系统的正常运营就可能会受到影响。站台上能够引起排队的区域主要有乘客排队上车和下车的区域,乘客排队进出自动扶梯、垂直电梯的区域,以及进出以上两个区域的乘客迂回区域。

1)上车排队区域

上车排队区域是乘客在上车过程中所自然形成的,位于站台边缘,屏蔽门前的人流队列。分配给该区域中的每个乘客的空间要按照机场航空旅客的标准来执行。要保证该区域的队列不会干扰到站台上其他乘客的流动,也不能妨碍到下车离开站台的乘客,这一点很重要。对于站台上设有自动扶梯的车站,上车排队区域不能侵入自动扶梯出口区域(即乘客从自动扶梯下来进入站台所途经的区域),其原因在于两股人流的交叉容易诱发危险状况。

2)电梯和自动扶梯入口区域

电梯和自动扶梯入口前,乘客为进入入口而自然形成队列的区域,该区域队列内的乘客要么是离开 APM 车站前往航站楼值机柜台、行李领取处,要么是携带行李前往机场停车场(离开机场)。因此,分配给该区域中的每个乘客的空间也要按照机场航空旅客的标准来执行。同样,电梯和自动扶梯入口区域不应侵入上车排队区域,也不能干扰站台上其他乘客的流动。

3)乘客流动区域

乘客流动区域是指乘客为进出车站、上车排队区域、电梯和自动扶梯入口区域而在站台上流动所占用的空间。分配给该区域中的每个乘客的空间要按照机场航空旅客的标准来执行。上车排队区域、电梯和自动扶梯入口区域与该区域界限分明、互补侵入,是旅客在站台上安全移动的重要保证。

3. 乘客垂向流动设备的规格与数量

如前所述,APM 车站的乘客垂向流动设备包括自动扶梯、楼梯和垂直电梯。这些设备是 APM 车站与机场内其他相邻设施之间的接口,其规格、尺寸和数量需要详细规划。每种设备的特点、乘客使用情景都有所不同,这些不同都会影响最后的决策。本书讨论乘客垂向流动设备规划(主要是规格、尺寸和数量)的一般方法。

乘客垂向流动设备的规划要以乘客垂向流动量进行精确计算。乘客对楼梯、垂直电梯或自动扶梯的选择受多种因素的影响,例如乘客携带行李的总量,是否使用了行李推车,是否存在行动困难问题等。携带行李推车以及需要轮椅代步的乘客必须使用垂直电梯;携带婴儿车,行动不便和携带大件行李的乘客多数也会选择垂直电梯。其他类型的乘客究竟使用哪种乘客垂向流动设备可能会受到其他因素的影响。

进入系统的方便程度也会影响乘客对不同垂向流动设备的选择。国外的经验表明,如果楼梯直接设置在自动扶梯系统的旁边,并且楼层向上的高度变化在 5 ~ 6 m 之间,那么一些身体条件较好,且适合步行的乘客将选择爬楼梯。如果是下楼梯的话,选择爬楼梯的乘客的比例还会增加。当自动扶梯和垂直电梯过于拥挤时,选择使用楼梯的乘客的比例也会增加。楼梯应沿着乘客去往目的地的路线布置,并使乘客较容易接近楼梯口,否则乘客们大多会绕过楼梯。某些 APM 车站步行楼梯的功能定位只是或主要充当紧急情况下的疏散通道(出口),这种情况下楼梯位置的选择更自由一些,但要注意在显著位置设置清晰的标识,以便乘客在紧急情况下可以快速找到楼梯口。

在确定了每种乘客垂向流动设备的特点、乘客使用情景的基础上,就可以使用分析模型来确定满足 APM 车站服务等级和其他标准所要求的设备数量。分析模型包括静态(主要是电子表格)和动态(主要是模拟软件)模型。静态建模一般用于从整体布局的角度评估楼梯、自动扶梯和垂直电梯与 APM 车站的综合整合效果,动态模型则可以详细地模拟在列车进站、乘客上下车的过程中,乘客排队上车、下车在站台上移动并进入垂向流动设备的动态进程,实时模拟乘客的聚集程度、队列长度变化,以及预测何时、何地会发生拥堵。

1)自动扶梯的容量

对于自动扶梯系统而言,影响运输量的一个显著特征是自动扶梯是作为下降方向还是上升方向。国外的研究表明,对于下降方向的自动扶梯,部分乘客会本能地担心自己是否能够稳定地踏上不断移动的阶梯,从而驱使他们选择更加稳定的楼梯,因而造成下降方向的自动扶梯运输量偏小的现象。影响自动扶梯系统运输量的另一个因素是乘客所携带的行李的大小,携带行李的乘客的移动速度明显低于没有携带行李的乘客。国外的研究人员观察到,机场陆侧 APM 系统车站所安装的宽度为 1 m 的自动扶梯,运输量大约每分钟 40 人,而同样规格的自动扶梯在空侧系统的运输量则可以达到每分钟 50 人左右,其原因正是由于陆侧乘客携带了全部行李,而空侧系统的乘客则仅携带了随身行李(其他大件行李已经完成托运)。图 6.18 是国外某研究机构给出的宽度为 1 m 的自动扶梯的运输量案例。

确定站台宽度时主要考虑所需自动扶梯的数量及布置,而确定站台长度时主要考虑乘客在自动扶梯入口处所排队列的长度。在确定自动扶梯的数量时,要考虑一定的冗余,即在客流高峰期某个自动扶梯因发生故障而导致停止服务时,剩余的自动扶梯以及其他垂直电梯和楼梯等仍然能够顺利完成乘客的输送。

自动扶梯规划的另一个考虑因素是要有助于加快客流进出车站站台的速度,国外应用经验表明,扶梯的入口和出口处的平坦空间越大,越有利于人流的疏散,因此在自动扶梯开始上升或下降之前应提供至少三个到四个梯级宽度的平面区。

2)垂直电梯的容量

对于仅在两层之间服务的垂直电梯系统,可以根据电梯门的宽度(影响乘客进出电梯的速度)、平均停留时间和平均服务时间(即从一个电梯轿厢启动后到另一个轿厢开门可以载客之间时

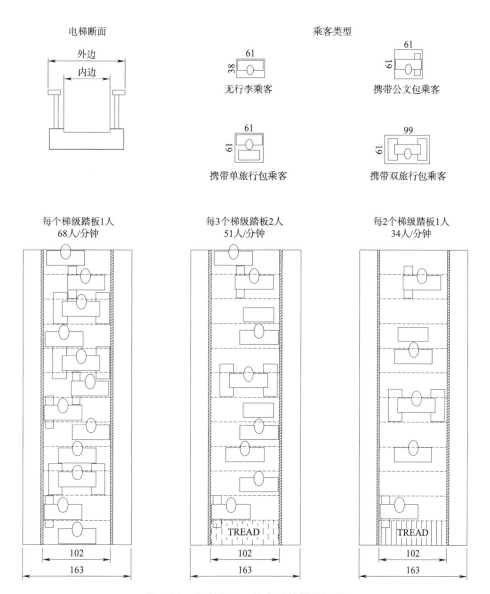

图 6.18　宽度为 1 m 的自动扶梯的运量

间间距的平均时间),很方便地计算出电梯的平均运量。这种简单电梯配置的平均等待时间可以用一个轿厢的往返时间除以轿厢总数来计算。

　　对于在多个楼层之间服务的垂直电梯系统,运输量计算要复杂一些,尤其是当服务不同类型乘客时,如航空乘客与机场员工,二者的目的地楼层往往有较大的差异,因此必须在更详细的电梯运行分析的基础上才能进行平均等待时间的计算。如果再复杂一些,就需要借助于计算机模拟软件,建立电梯运行动态模型,才能精确计算平均等待时间。在规划阶段,可以根据服务需求建立电梯平均服务时间的目标值,然后在规划和设计过程依次增加电梯轿厢的数量,直至能够达到这一目标值。

　　总之,确定整个站台尺寸时应考虑所需电梯设备的数量。另外,电梯入口处排队队列的长度也可能会影响站台的尺寸。电梯的配置数量应充分考虑冗余,应做到即使是在高峰客流时期,某一电梯因故障而停止服务时,剩余的电梯依然可以完成旅客的输送任务。

从安全角度来看,足够大的车站出口处的旅客通过能力是非常重要的,可以确保从到站列车下车进入站台的乘客可以在下一次列车到达之前,通过垂直电梯、自动扶梯、楼梯等各种通道迅速疏散。当然,在车站的规划过程中还应考虑到自动扶梯和垂直电梯因无法预料的故障,或因需要进行预防性维护而无法使用时,如何及时疏散乘客。

4. 最小站台尺寸

一旦确定了楼梯、自动扶梯、垂直电梯的数量和尺寸,以及所有可能的乘客队列长度,就可以确定站台的最小尺寸了。每个站台的最小尺寸基于乘客队列长度、循环区域尺寸以及垂直循环设备的总和而定。而站台最小宽度和长度的确定通常取决于车站总体设施配置,尤其是垂直循环设备的数量和位置。

整个站台的尺寸将基于最小宽度和长度(尽管可能更大)而确定,并应考虑位于站内的任何内部柱、设备室和其他设施。站台的大小应该包含所有这些要素,以便在 APM 系统和相邻设施之间提供一个高效的接口。

6.4　维护与储存设施规划

6.4.1　维护与储存设施功能简介

多数机场 APM 系统的维护与储存设施都具有以下几个方面的功能:

(1)列车停放及日常保养功能——车辆的停放和管理;对运营车辆的日常维修保养及一般性临时故障的处理;车辆内部的清扫、洗刷及定期消毒等。某些规模较大的机场 APM 系统的维护与储存设施还能够承担部分列车计划性维修任务。

(2)设备维修功能——对 APM 系统各子系统,包括供电、环控、通信、信号、防灾报警、电梯、自动扶梯等机电设备,以及房屋建筑、轨道、隧道、桥梁、车站等建筑物进行维护、保养和检修等。

(3)列车救援功能——列车发生事故(如脱轨、颠覆)或电网中断供电时,能迅速出动救援设备起复列车,或将列车牵引至临近车站或维修基地,并排除线路故障,恢复行车秩序。

(4)材料供应功能——负责 APM 系统在运营和维护过程中,所需各种材料、设备器材、备品备件、劳保用品以及其他非生产性固定资产的采购、储存、保管和供应工作。

(5)办公综合功能——负责提供行政管理人员的办公场所、食堂、文体活动场所、充足的机动车停车位等。

(6)技术培训功能——负责对各类管理和技术人员进行培训。

6.4.2　维护与储存设施规划方法

1. 在线与离线的选择

建于正线运营区域之内的维护与储存设施,可称为在线维护与储存设施,通常位于某一车站的正常停车位附近,例如位于轨道和站台的下方,如图 6.19 所示。人员可以从下方或侧面进入,列车则需要从运营线路直接进入维护设施区域。在正常运营期间,这种在线维护与储存设施可执行的列车维护活动的类型是非常有限的,其原因在于运营列车对于维护活动的干扰。同时,受空间所限,建于正线运营区域之内的维护与储存设施通常无法容纳编组超过正常编组的列车,这就实际上降低了 APM 系统通过增加列车编组来增加运量的潜力。

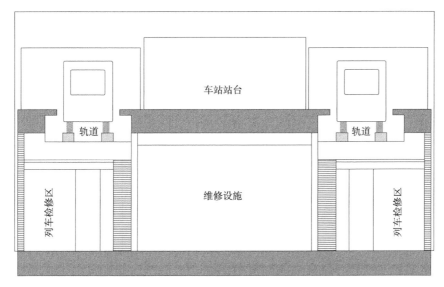

图 6.19　车站下方的在线维护与储存设施断面示意图

建于正线运营区域之外的维护与储存设施,可称为离线维护与储存设施。从正线进入这一设施的通道是整备线和接收线。整备线是列车正式进入运营正线服务乘客之前的暂时停留地点,接收线是为列车脱离运营服务而设置,即列车在这里解除动力供应和运行控制等运营所必需的功能,成为“自由列车”。离线维护与储存设施通常适用于规模较大的机场 APM 系统,可以容纳编组更大、载客量更高的列车。该设施通常由一个大型建筑群构成,分为车辆维护和修理区、列车停放区、试验线区域、清洗设施区,以及整车和备件存储区域。按照功能的不同,其建筑设施分为维修和修理厂房、备件库房、行政办公室、更衣室、会议室以及维护系统所需的所有其他设施等。还有一个重要的设施是辅助线路区,这是一个由多条轨道线路组成的列车场,通过多组道岔连接,可以允许列车在维护、维护区域、车辆存储区域、洗车设施和试验线之间进行有效的调配。

从国外的经验来看,对于规模较大的循环型 APM 系统,如双线循环、双线穿梭循环 APM 系统,维护与储存设施通常与正线运营区域是分开的。这种情况下,车辆检修过程中的各种测试以及线路运行测试通常都在接近维护与储存设施的轨道上进行。而对于规模较小的单线穿梭、双线穿梭 APM 系统,为了节约土地,经常把维护与储存设施布置在正线运营区域的下方。

2. 建筑设施

维护与储存设施的建筑应该被设计成适应各种维护活动,满足预期的服务水平和可用性。在规划维护与储存设施时,应考虑不同空间特定的功能,以适应不同类型的服务和活动。所考虑的功能空间类型包括行政区、员工洗手间、更衣室、进餐/休息区、车辆维修区、机械设备库、电气设备库、电子设备库、维修工具与设备存储库、洗车区;列车试验线和列车停放线。

1)行政人事空间

维护与储存设施的规划内容中包含行政人员办公室、活动场所空间的分配,男女卫生间、淋浴间、更衣室和公共休息室也都包括在内。规划人员应当为行政工作人员设计足够的办公空间,考虑到列车和设备维修会产生噪声、灰尘以及其他污染,行政办公空间必须与维修区域有效隔离。

2)列车检修区

无论是在线还是离线维修与存储设施,车辆维修区的规划都要考虑如下问题:①维修用地沟可以在不顶起车辆的情况下对其车底设备进行检修和清洗,但要考虑其在维修区内的合理位置,原则上地沟不应影响人员在区内的自由行动;②在需要拆卸车辆底部设备而必须架高车辆时,架高车辆的区域应提供足够的架高空间,并预留出维修人员的作业通道和空间;③由于为运营正线上的列车供电的电源无法为维修区内的列车供电,因此必须为车辆维修区提供单独的动力电源,以便为进入维修区内的列车供电;④对车顶安装的空调设备进行拆卸和维修,维修车间内应布置悬挂起重机;⑤电气线路和机械设备管线的布线设计应保证不会给行人带来绊倒、触电或其他危害,还要有利于搬运用台车通过;⑥车辆维修区内的道路布局要为叉车、拖板搬运车以及其他工具车提供方便的通道。

根据技术制式的不同,列车检修区的占地面积为 950 ~ 1 100 m² 之间,空间高度至少为 8 m。图 6.20 是机场 APM 列车维修区的常见布局。

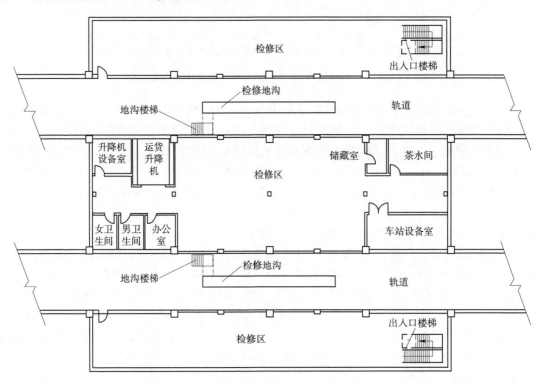

图 6.20　机场 APM 列车维修区的常见布局

3)机械设备检修车间

机械设备的维护通常需要使用压缩机、磨床、刀具等工具。机械设备维修车间与其他功能区之间应当设计适当的物理隔离,以限制振动、噪声和空气异味的传播。一些车辆设备和部件体积庞大,如空调设备、传动系设备、压缩机等,需要用铲车、叉车、手推车、托盘搬运车或其他轮式推车的运送,在规划时要考虑路径的畅通。宽敞的大门、光滑的地板等都有利于维修车间通道的畅通。由于在车辆和设备的维修过程中需要大量使用各种溶剂和润滑剂,这些材料的储存、通风以及地板防滑问题也必须在规划中予以考虑。

4）电气设备检修车间

电气设备维修车间与机械设备维修车间有相似的要求。一些电气设备，无论是在车辆上还是在轨旁，都是很笨重的，多数是在建筑物正常电压下工作，也有部分设备的供电电压高于建筑物供电电压。因此电气设备维修车间的内部布局规划要考虑这些笨重物品的移动通道。另外，为了功能测试或排除故障，处于维修状态的电气设备经常需要电力驱动，因此在规划中要把在维修工位上待维修的设备供电的问题考虑在内。

5）电子设备检修车间

电子设备维修车间类似于电气设备维修车间，但是电子设备及其测试设备对湿度、温度和振动更敏感，因此需要与其他区域物理隔离（机械和电气设备维修车间可以位于开放区域）。车间内需要配置空调、滤尘器等设备以改善空气环境。另外，电子设备对静电放电也更敏感，设备本身以及维修用的设备通常都需要接入地线。

6）库房

库房用于存储设备、工具和材料。库房的规划要考虑各种零部件、工具、试验设备、化学品以及文件等的储存条件。橡胶轮胎、溶剂或易燃物品等的储存应按照国家、地方的相关消防规定，采取必要的防火措施。某些特殊材料的存储，如电池等，可能需要使用防火花的固定装置，特殊的通风装置、溢出保护装置，以及其他特殊装置。电子设备的储存往往也对环境有着苛刻的要求。库房应该为维修手册和维护记录的保存提供足够的空间。可以考虑设置单独的资料室来存放这些资料。如果维修记录已经电子化，那就必须提供从各个维修车间访问数据库的网络接口。

3. 列车试车线

经过维修的列车在进入正线运营之前必须按照一定的程序进行功能检测。如果系统配置的是在线维护与储存设施，则测试是在正线轨道上进行；如果系统配置的是离线维护与储存设施，则测试是在专门的试验轨道上进行，试验不会对正线运营的列车造成影响。试验线应布置在维修区域出口或附近。

4. 车辆清洗区配置

对于列车保有量较小的 APM 系统，例如穿梭型 APM 系统，为列车配置成本较低的手动清洗设备是合适的。对于规模更大的 APM 系统，应为列车配置自动清洗设备。车辆清洗区应包括足够的空间，可容纳水加热系统、清洁水储存系统和废水循环系统。这些清洗设备通常由 APM 系统供应商提供，包括在供货商合同中。清洗区应设置地面车辆通道，以方便维修车辆进入，对清洗设备进行维护；同时设置专用轨道，保证列车能顺利通过清洗区。车辆的内部清洁可以在清洗区之外进行，例如列车日常检查区、车辆维修车间或列车停放区等。对于列车底部的清洁，可以考虑使用高压水枪、高压蒸汽或高压空气来去除污垢。在清洗过程中应严格遵守制造商针对清洗过程的规定，保护列车底部设备。该区域的设计中应考虑清洗工具如何进入列车底部，并防止将地面污物带入列车底部。

5. 场内线路配置

场内线路是离线维护与存储设施的一个组成部分，其主要作用是为 APM 列车进出维修作业区、设备维修车间、车辆存放线、洗车区和试验线提供通道。为了列车能够在不同的场内线路之间顺利换向，维护与存储设施的规划中必须为道岔和转向转盘（一种在不能设置道岔的情况下用于列车转轨的设备)预留足够的空间。场内线路、道岔的布局应保证列车能够高效率地进出各个功能区。场内线路路旁须配备列车手动或自动控制设备。配备自动控制设备的场内线路可以提高列车移动的效率,但也在一定程度上增加了事故风险。在规划过程中要充分考虑这些危害。一种折中的方案是,所有列车由轨旁的操作员在地面手动控制下从整备线和接收线进出维护与存储设施。在线维护与存储设施一般不需要配置场内线路。

6. 车辆停放区

配置了在线维护与储存设施的机场 APM 系统,列车只能停放在车站内,并且通常不配置备用车辆,以节约停放空间。离线维护与储存设施内的列车停放在专门的停车线上,可以保护列车免受外部环境的影响。列车停放区应有足够的空间以容纳列车,个别情况下,停车线不足时,一些列车可以停放在维修区或车站。为保证在上述区域停放的列车能够很方便地返回正线投入运营,应配置多条进出的通道。

7. 离线维护与存储设施的选址

除了设置专门的整备线和接收线使得列车更容易进出运营正线,离线维护与储存设施还专门设置宽敞的汽车通道,以方便运输材料的重型卡车出入。许多离线维护与储存设施内配置了专门的卸货区,以方便材料的交付。维修用厂房内部应该包含开放的维修区域,包括带有地坑的维修工位、封闭的车间、管理区域和人员休息、活动区域。在许多情况下,在规划包括维护与储存设施在内的机场 APM 系统时,都预留了未来的扩展空间。因此在规划维护与储存设施建筑物、存储区域时也应考虑未来扩展的可行性。一般而言,机场 APM 系统的大规模扩展(包括增加线路和车站)都会要求维护与储存设施同步扩建,当原场地面积不够时就需要整体搬迁。国外某些机场为了节约成本(包括土地成本和建设成本)而在初期建设了一个规模和功能有限的 APM 维护与储存设施,当后期因在原址扩张受阻而需要搬迁时,付出了巨大的重建成本。因此,在规划初期就必须综合考虑初始建设成本和未来扩展的成本,在二者之间寻求合理的平衡。

其他功能设施,如中央控制设施、供电系统变电站和 APM 设备室,常常与维护与储存设施归并在一起建设。这些设施本身往往有着特殊的功能要求,在维护与储存设施设计过程中应详细考虑。

6.5 中央控制系统规划

所有机场 APM 系统都包括控制、通信与指挥调度设备来操作无人驾驶的列车。这些设备通常由 APM 系统供应商提供,不同供应商所提供的设备的技术规格、外形尺寸有很大的不同。列车自动运行系统的功能是通过自动列车保护、列车自动运行和列车自动监控设备来实现的。

ATP 设备的功能是确保安全标准和规则的绝对执行。ATO 设备在 ATP 所施加的安全控制内执行列车运行的基本操作功能。ATS 设备由系统中央控制计算机提供自动系统监控,并允许中央控制操作员使用控制接口对列车进行人工干预。

APM 系统包含了一个由中央控制中心监视和监督的通信网络系统。该通信网络通常包括车站公共广播系统、用于列车运行与维护的无线电系统、紧急电话和闭路电视等。

机场 APM 系统中央控制中心(Central Control Facility,CCF)通常包含如下设施和设备:中央控制室(Central Control Room,CCR),配置有行车指挥人员,监控中央控制中心各个系统运作状态的控制台和显示器;与 CCF 相邻的中央控制计算机机房;音频、视频和数据通信设备;能够支持 CCF 内所有设备负载的不间断电源(UPS);培训和训练室。

对于大型、复杂的 APM 系统,CCF 通常位于维护与储存设施内部的专用建筑中。正如维护与储存设施部分中所讨论的,当 APM 系统需要扩展时,规模较大的 APM 系统的维护与储存设施有时会搬迁重建,此时 CCF 系统也需要搬迁重建。对于一些规模较小的、不太复杂的 APM 系统,如许多中型机场所采用的穿梭式 APM 系统,可以将 APM 的中央控制系统集成到机场的飞行控制中心所在的建筑内。国外也有少数机场将 CCF 布置在一个独立的建筑物中,或者机场航站楼内的某一个独立专用房间。总之,CCF 的功能、设备规格、所处的空间以及其他特征并没有统一的标准,几乎每个供应商所提供的 CCF 产品,每个机场所规划的 CCF 规模和选址都有所不同。

典型的中央控制室内部布置如下:一个集成了列车监控与指挥系统、供电配置控制系统、音频和视频通信系统的工作站式控制台;对于规模较小的 APM 系统,往往只配置一个小型简单的工作站,一个中央控制台操作员(Central Control Operator, CCO)就可以管理整个系统。对于规模较大的 APM 系统,往往配置两个、三个或更多的独立或并联工作站,其中有的工作站具有列车运行控制、供电系统控制、通信系统控制等全部功能,也有的工作站只具备其中某一项功能。

具有冗余的 CCF 设备布置比没有冗余的单一 CCF 设备布置要复杂得多。目前,机场 APM 系统普遍采用具有冗余的 CCF 设备布置,并提前规划好设备出现故障时的预案,这些预案可以确保在单一设备故障条件下,CCF 仍然具备必要的功能。列车运行工作站能系统而详细地显示各种状态和警报信号,并具有友好的人机交互界面,允许行车调度人员通过与 ATC 系统的信息交互接口来监控列车在整个线路中的运动轨迹。综合布线系统(以一套单一的配线系统,综合了整个通信,包括语音、数据、图像、监控等设备需要的配线)工作站可以详细地显示单一供电线路的各种状态指示和警报信号,同样也具有友好的人机交互界面,允许操作人员监控整个系统的电源供应。

通信工作站可以是一个多功能的工作站,也可以是几个分别具有指示、报警、命令或控制功能的工作站,无论哪种配置,都需要与公共通信系统、操作与维护无线电系统,以及视频监控(CCTV)系统连接。通常,所有的音频通信都被监控和记录,以便在未来发生事故时可被调出,为事故调查提供参考。一般而言,在工作站上有一台主 CCTV 监视器和一台第二监视器。第二监视器用于对所选视频图像进行回放。常见的做法是用一组视频监视器来显示整个系统的连续视频图像,也就是说不管是主监视器还是第二监视器都是由多个监视器组成的。中央控制室还需要布置一个大型监视器来显示所有列车的位置、状态,以及所有车站的状态。

总的来说,由于大小和复杂度的不同,各个机场 APM 系统中央控制中心的数量、位置、布局,功能的分解方式,内部设备的分布特征等都有很大的差异。

图 6.21 所示是一个典型的中央控制中心结构,包括一个中央控制设备室和一个中央控制室。这一中央控制中心配属一个拥有三个车站的双线穿梭循环运行机场 APM 系统。该 APM 系统具有离线维护与存储设施,列车保有量为四列,每列车为两辆编组,因此总共配属 12 辆车。中央控制台是双操作台设计:一个管理列车运行控制和电力供应,另一个管理实时通信系统,包括视频监控(CCTV)和紧急电话等。上述两个操作台之间的公共区域是无线广播系统的操作台(包括运营和维护功能),以及公共通信系统的操作台。

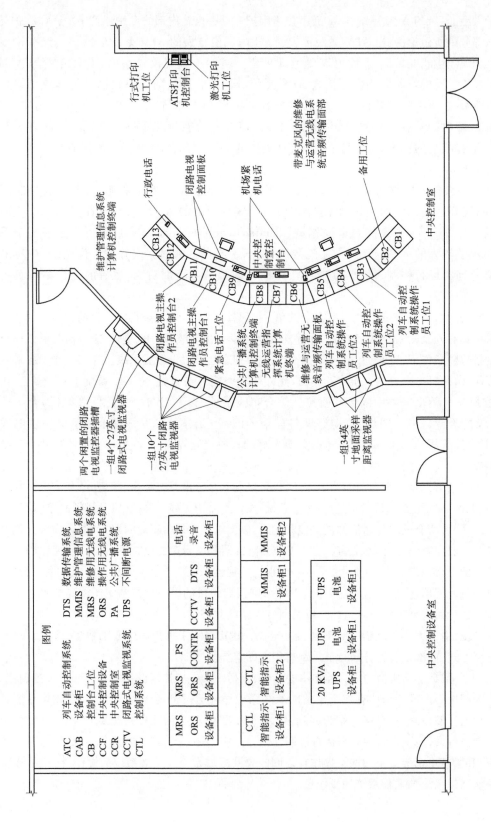

图 6.21 典型 CCF 的例子

6.6　供电系统规划

APM 系统需要电力来驱动各种移动和固定设备运行,包括列车,控制和监测设备,照明和取暖设备等。电力来源直接取自当地城市电网,并且经过相对简单的变压之后输送给车辆,因此从项目的规划阶段就需要与提供电力的公司协调,以确保在指定的 APM 变电站位置可以提供足够的电力。供电系统的设计要有足够的冗余,即使一个变电站发生故障,剩余的变电站也能维持系统继续运行。国外的规划经验通常是把供电系统的设计交由 APM 供应商完成。

6.6.1　供电系统简介

如本书第 2 章所述,机场 PAM 系统的列车牵引以及其他系统设备的运行都需要电力,这些电力通常由沿线路间隔分布的供电站提供。变电站内置变压器、整流器(如果需要)以及各种一级和二级的开关设备和功率调节设备。配电可以是三相交流电或直流供电。若采用交流电,变电站之间的距离一般不大于 600 m;若采用直流电,供电距离一般不超过 1 600 m。照明电源和便利插座分布于设备室内。

6.6.2　电源接口

在规划 APM 系统时,需要考虑的一个重要因素是总的电力需求。总电力需求是 APM 系统线路长度、列车总保有量、最大行车密度(特别是高峰时段最大行车密度)、车辆的驱动模式(如直线电机还是旋转电机牵引),以及供电制式(即电力来源是交流电还是直流电)的函数。在确定 APM 系统的线路几何参数和车站位置之后,可以先通过运营过程计算机模拟确定能够满足高峰客运量需求的系统容量,列车编组辆数和列车总保有量;然后通过列车牵引计算获得列车位置和供电网络各电气参数等动态负荷数据随时间变化的情况;再以列车模拟输出的动态负荷数据为依据执行功率分析,最终确定系统供电所需的变电站的位置、功率大小和数量。功率分析对于制订相关的供电方案极为重要,尤其是系统平均负载和峰值负载的计算结果,是确定城市电网向位于不同地点的变电站提供电力供应技术规格的基本依据。

在 APM 系统供电系统规划的初期,城市电网公司就应参与项目协调,协调的内容不仅包括全系统和各分站的电力需求,还包括本地城市电网系统与各个变电站的位置关系、接口规格、冗余要求、职责划分,以及如何选择合适的 APM 系统供应商等。本地城市电网与机场方面的责任划分取决于协议。协议有两种情况,一种是本地城市电网公司提供接口,APM 供应商提供主开关设备等电力设施和设备,然后由城市电力公司负责连接;另一种情况是,本地城市电网公司直接提供主开关设备,有时也提供牵引电力变压器(在系统供应商要求时)。第二种情况下,本地城市电网将替代机场方面对主要设备提供维护服务。从给国外的经验来看,不同机场与当地电力供应企业之间达成的技术和商业协议差异很大。建议机场方面应该成立专门的电力系统规划与执行部门,以便于与本地城市电网接洽,有利于建立合理稳定的合作框架。

如前所述,机场 APM 系统对可靠性要求极高,通常为 99% 以上。作为其子系统之一的电力供应系统的可靠性必须高于全系统。为了达到这一目标,电力供应系统必须设计足够的冗余以维持较高的可用性需求。解决的方案是由城市电网提供冗余电源:主电源和辅助电源。在主电源发生故障的情况下,开关设备自动切换到辅助电源,直到主电源恢复正常。这样就可以确保主电源故障不会引起全系统的停运。

6.6.3 变电站

许多因素都会影响 APM 变电站的数量、电气设备尺寸、位置和空间要求。其中最关键的因素是采用直流还是交流供电,二者在变电站尺寸和供电线路的长度方面有很大的不同。目前,大多数机场 APM 采用直流供电制式,只有一些规模较小的穿梭式 APM 系统采用交流供电。

供电电源采用交流电的优点之一是变电站的物理尺寸小于直流变电站。相比于交流电源供电,直流电源每单位长度的电压降更小,可以为较长的线路提供电力,但必须配置整流设备,为了存放整流设备,直流变电站也需要更多的建筑空间。这相当于以更大、更多的设备来获取更大的供电能力。交流变电站由于每单位长度的电压降偏大,每个变电站的供电线路长度不超过 600 m,沿线路布置更多的变电站才能满足 APM 系统全线的供电需求。直流变电站可以供电的线路长度通常在 1 500 m 以上。虽然直流变电站需要更多和更大的设备,但需要的变电站数量少,也可以节约建设成本。因此,选择直流与交流电源各有优点和缺点,要根据机场 APM 系统供电方面的具体要求而定。

APM 变电站的总输出功率通常在 500 kVA ~ 1 500 kVA 之间,具体功率的大小取决于多个因素,包括由变电站供电的线路长度、行车密度、车辆自重、列车编组辆数、列车阻力特性和列车载客量等。

变电站内部的主要设备包括各种变压器、断路器、开关柜等,还有数据采集与监视控制系统设备等辅助设备,图 6.22 是常见的机场 APM 系统变电站内部设备布置示意图。

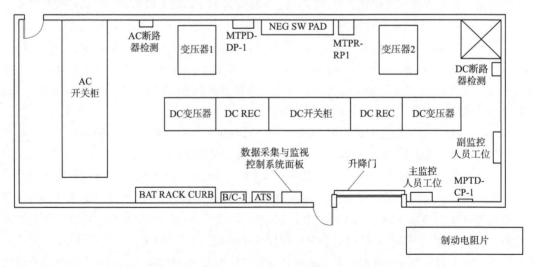

图 6.22 常见的机场 APM 系统变电站内部设备布置示意图

6.6.4 车站辅助电力供应

每个 APM 站都有列车控制设备、监控和数据采集系统(SCADA)、站台屏蔽门、闭路电视系统、为本站服务的辅助供电设备,以及其他系统运行和监控所需的电子设备。由于大多数设备对于维系统的正常运行至关重要,因此辅助系统的供电大部分或全部通过不间断电源(UPS)提供。当城市电网正常时,电压通过 UPS 稳压后供应给 APM 车站设备使用,同时对内部的电池进行充电,储存后备能源;当城市电网异常时,UPS 的逆变器将电池的直流电能转换为交流电能维持对系统的供电。不同车站辅助电源负载的大小和复杂性有很大的不同,例如道岔的运动、控制和监测都需要由辅助电源供电,车站布置的道岔数量不同,所需的供电功率也会不同。车站辅助电源功率负载范围一般在 25 kVA ~ 100 kVA 之间。UPS 系统通常由 APM 系统供应商确定规格并提供产品。

如果车站之间的距离达到一定的程度,则可能需要在两站之间设置一个远程设备室,该设备室内安装一些用于对该路段内的道岔,以及运行于该路段内的列车进行控制的电子设备。这些远程控制设备也需要配置辅助供电电源。

6.6.5　维护和存储设施电力供应

在整个 APM 规划中,必须同时考虑维护与储存设施建筑及其内部所配置的 APM 系统相关设备的电力需求。通常,建筑设施本身的电力需求在 500 kVA ~ 1 000 kVA 之间,具体数值取决于建筑规模的大小。电源是从当地城市电网获得的,而不是由 APM 供应商提供。APM 相关设备、维修区的起重机、车辆升降机以及用于驱动列车进出维护和存储设施的动力系统都是整个 APM 系统的组成部分。不同机场 APM 系统的维护和存储设施的规模不同,可以容纳的列车数量,以及维护、维修列车所需要的电气工具和设备的数量也有较大的差异,导致电力需求也存在一定的差异。一般而言,大型 APM 系统的维护和存储设施的电力需求通常在 250 kVA 和 750 kVA 之间。

6.7　附属设施规划

除了本章中所讨论的主要固定设施外,大多数机场 APM 系统还包括以下各种辅助设施,或称为附属设施。这些设施包括行政办公室、设备室、车辆清洗设施和试验线。

1. 行政办公室

APM 系统的行政管理人员需要空间来履行行政职能。这些行政办公室通常位于维护设施内部,或邻近中央控制设施,也可以位于方便执行行政管理职能的任何位置。系统行政办公室的功能与一般的办公环境相比并没有什么特殊的要求,尽管通常与维修技术人员分开办工,但二者可以共享某些功能空间,例如会议室等。具体来说,行政办公室应包括以下基本的功能区:大厅/接待区、个人办公室(经理、管理者办公用)、公共办公区(通常划分为小隔间)、会议室、复印/文件室、小浴室(也可不配备)、茶水间、储藏室和门卫房。

2. 设备室

通常,机场 APM 系统根据需要会在每个站、中央控制中心、维护基地和线路旁边设有设备室。这些房间为车站屏蔽门、旅客动态信息显示系统、闭路监视系统、列车自动运行控制系统、UPS 系统、开放式数据存储系统以及其他相关电子系统的控制和接口设备提供安放地点。

不同 APM 供应商所提供的设备通常是特定的,设备室房间内的具体布局必须与这些设备的要求相协调,因此不同 APM 系统设备室的布局通常有很大的差异,但也有一些共同的特征。例如,设备室的布局应考虑充分动力和通信电缆的分配和线路接入方式,无论是采用上方还是下方接入方式,都需要足够的天花板高度。另外,在所有主要设备柜的周围应保留至少 1 m 左右的最小间隙。

3. 车辆清洗设施

机场 APM 系统通常采用三种类型的洗车设施,具体采用哪种,与系统的大小和整体车队大小相关。这些设施按先进的程度排列如下:

人工洗车设备——对于小型 APM 系统,该洗车设施是足够的。人工洗车设备通常安装于线路上某个指定的区域,该区域排水方便,不会影响其他公共区域。洗车过程可以完全由人工借助于压力垫圈来完成。应该注意的是,即使是在隧道环境中运行的列车也需要经常清洗。

静态全自动洗车设备——这是一种离线的全自动清洗设备,配备专门的清洗区,清洗区可以是一个部分封闭或完全封闭的小型建筑物,车辆在清洗区内保持静止。清洗方式包括高压冲洗、常压冲洗以及旋转洗刷(刷子可以自动地在车辆周围移动)。清洗区通常一次只能容纳一辆车。因此,多辆编组的列车需要先分解车辆以便清洗。

动态全自动洗车设备——动态全自动洗车设备通常布置在列车维修场的入口或出口处。清洗方式包括高压冲洗、常压冲洗以及刷子洗刷。喷水枪和刷子(通常为纺纱刷子)固定在轨道旁边,当列车通过洗涤区时对其进行清洗。

4. 列车试验线

试验线是 APM 列车进行动态调试和试验的线路,新车和检修后的列车都要在试车线上进行系统的调试及性能试验后才能上线运营。规模较小的穿梭型 APM 系统一般不配置专门的试验线,一些必要的列车维护和测试工作可以在运营线上进行。规模较大的循环型机场 APM 系统通常需要配置专门的试验线。专用试验线多数位于维修和存储设施的附近,或者直接作为维修设施的一部分,为列车综合测试提供了一种理想的工具。在可能的情况下,试验线测试轨道应当设计成以零坡度的直线为主,长度应达到最大长度的列车以最高加速度达到最大运营速度并以额定的减速度停下(有利于制动系统的测试)所需要的长度。由于试验线需要占用大片的土地面积,并要投入高额的建设成本,一些机场可能没有可用的闲置土地来建设试验线。在这种情况下,列车的电子、机电以及其他性能方面的测试就必须选择在非运营时间段的正线上进行在线测试。

6.8　运维模式的规划

作为轨道交通,机场 APM 系统遵从"二八"规律,即系统成本绝大部分是在规划设计阶段就确定的,因此在规划设计阶段就需要确定运营维护(以下简称运维)模式,即选择合理的运维模式是系统规划的最后一个关键环节。

6.8.1　典型的机场 APM 系统运维模式

机场方面在选择运维服务供应商时主要考虑两点:其一是服务品质与水平;其二是成本。

机场 APM 系统的运营多以不收费方式进行,其运营维护成本自然成为特别关注的问题。APM 系统已在世界范围内的主要机场运营和维护了近 50 年,形成了四种较为成熟的运维模式。

1. 供应商承包

供应商承包模式,这是国外最常用的一种模式,运维的职责完全分配给 APM 系统设备供应商。供应商通常在机场当地城市雇佣大部分员工。这也使得机场方面在选择 APM 系统供应商时,供应商所提出的系统建造成本与中长期运维成本(至少 5 年运营期)所组成的总成本成为能否中标的关键因素。由于建造和委托运维同属一个合同,机场方面可以根据供应商所提供的运营维护服务水平支付合同总资金,因此这种模式鼓励供应商从全生命周期成本的角度综合考虑建设和运维成本。在投标时,供应商需要同时提出建造和运维服务的报价,而在合同授予之后,机场方面可分阶段支付建造合同费用与运营维护服务合同资金。

这种模式的优点:

①由于硬件设备由自家提供,APM 供应商熟悉系统的技术特点,有利于保证运维水平;

②供应商可提供原装的系统维护所需的零部件和材料,有助于保持系统的高可靠性;

③对于执行过类似 APM 运维项目的供应商,其所积累的经验有助于提高新项目的执行水平;

④安全可靠运行的主体责任由供应商负责,机场方面无需承担责任;

⑤在支付服务资金之前,机场方面可以对应商所提供的运维服务水平进行考核,考核结果高于合同规定水平的予以额外的资金奖励,低于合同规定水平的予以扣发合同金额的处罚。这种激励模式通常会迫使供应商建立专业、高效的人才队伍来执行运维任务。

这种模式的缺点:

①APM 供应商的关注点是利润,有可能为降低成本而影响运维服务水平;

②APM 供应商人员的雇用费用可能偏高,导致运维成本的升高;

③机场方面可能需要对 APM 供应商对运维的执行过程进行监督。

2. APM 供应商短期承包 + 机场方面自行承担

在机场 APM 系统建成后先与供应商签订一个短期的运维合同(一般为 1 到 2 年)作为过渡。在此期间供应商一方面承担运维责任,另一方面负责对机场员工进行运维培训。APM 供应商通常会把经验丰富的技术支持人员作为运维骨干人员派到机场。这种模式为机场方面培训 APM 系统运维技术和管理人员提供了缓冲期,使得机场方面得以在己方人员完全具备了应有的运维能力的情况下接管 APM 系统的运维业务。

这种模式的优点:

①最终的运维业务由机场方面承担,可以把高质量的旅客服务作为执行 APM 系统运维的首要目标;

②培训缓冲期使得机场方面可以对 APM 系统性能有更深入、第一手的了解,有利于实现高效、可靠的运维,最大限度地保障机场的运营效率。

这种模式的缺点:

①机场方面必须雇佣和培训运维员工,支付人力成本;

②与 APM 供货商相比,机场方面的人员通常不熟悉 APM 系统的技术特点,也很难从其他 APM 系统获得运维经验;

③由于供应商承包运维的时间很短,财务激励或惩罚措施难于实施。

3. APM 供应商培训 + 机场方面自行承担

机场方面从 APM 系统开通时就承担运维责任,但供应商在系统开放前向机场员工提供培训。因此这种模式与 APM 供应商短期承包 + 机场方面自行承担模式有类似的特点,优点和缺点也大致相同。机场方面的运维员工只是经过供应商的短暂培训就上岗,对 APM 系统性能的了解有限,能够从其他机场 APM 系统运维获得的经验也有限,可能会在一定程度上降低运维的水平。

4. 第三方外包

机场方面把 APM 运维的责任直接外包给第三方承包商。这种模式类似于供应商承包模式,但运维合同与 APM 系统采购合同完全分离,并向所有的有资质的运维公司开放。这种模式与 APM 供应商承包模式类似,但成本可能略高。

这种模式的优点:

①安全可靠运行的主体责任由第三方承包商负责,机场方面无需承担责任;

②在支付服务资金之前,机场方面可以对第三方承包商提供的运维服务水平进行考核,考核结果高于合同规定水平的予以额外的资金奖励,低于合同规定水平的予以扣发合同金额的处罚。这种激励模式通常会迫使第三方承包商建立专业、高效的人才队伍来执行运维任务。

这种模式的缺点:

①第三方承包商的关注点是利润,有可能为降低成本而影响运维服务水平;

②第三方承包商很难从其他 APM 系统获得运维经验,也不能从 APM 供应商组织或 APM 供应商所建立的承担其他 APM 系统运维的机构(合资公司)获得技术支持。

6.8.2　运维模式选择的原则

国外机场 APM 行业发展 50 多年来,供应商承包一直是运维模式的主流。在一个合同期执行完成之后,多数机场还是会选择与同一个运维供应商续签合约。尽管这种模式在保证运维服务质量方面有很大的优势,但一些机场也一直在尝试通过引入竞争来进一步降低成本。2005 年以后,国外开始出现一些运维供应商通过竞拍来争取运维合同的案例,但数量非常有限。其原因在于 APM 运维行业高度专业化,每个供应商所提供的 APM 技术各有特色。因此即使是在大规模采用机场 APM 系统的美国,至今为止依然没有形成一个成熟的 APM 运维服务供应商群体,能够提供合格的运维服务的第三方供应商数量非常有限。一般认为,可接受的服务水平,以及与机场方面长期的合作关系,是运维供应商们赢得机场和机场的客户——航空旅客信任的主要因素,并因此而获得连续的运维合同。对于机场而言,高效、稳定的 APM 系统运维水平远比降低运维低成本重要。

我国处于机场 APM 系统发展的初期,在运维模式选择方面除了要参考国外的成熟经验之外,也需要结合国情。APM 系统的运营维护是一个涉及多种工程技术以及管理专业的大系统工程,需要配备专业结构合理且相对稳定的运维队伍才能保障系统的长期可靠运行,机场一般都不具备这种专业能力。

国内城市轨道交通系统早期几乎都采用单一的自行运维模式。随着市场经济的发展,在我国城市轨道交通日益网络化运营的过程中,对运营维护的要求越来越高,运营维保部门的负担越来越重,对运营维保人员的管理水平、专业知识和技术的需求也相应提升。越来越多的地铁运营公司选择将运营维保业务外包或委托给专业性强、有资质、有经验的单位进行运维,已逐步呈现出市场化趋势。香港、广州、上海等城市的轨道交通企业,新建线路与老线路的维保模式差异较明显。有些新建线路仅在几个关键子系统上保留了完全独立的自行运营维保,而香港机场快线所有运营维保均采用外包模式。

因此我国机场 APM 系统的运维管理可以考虑通过向这些轨道网络运营商购买服务的方式解决。目前,国内轨道交通行业还有一个新趋势,越来越多的轨道交通设备制造企业正在逐步增加轨道系统后期运营维护的服务,这也是将来 APM 系统运维管理的一个可选项之一。在规划运维管理模式,引入专业运维供应商时要充分考虑市场环境,避免垄断。本书第 5 章讨论机场 APM 系统技术制式选型时,评价指标中就考虑了后期运维方面的因素。总之为了不影响机场方面对 APM

系统的成本管控和服务品质监测,市场上应该有多家企业可以做这种技术制式的 APM 系统的运维,以提高运维管理市场化的可行性。

6.8.3　运维合同竞拍需要注意的事项

新建机场 APM 系统的运维模式选择与既有系统运维合同到期后再次选择运维供应商有很大的不同。新建系统往往采用"交钥匙工程 + 委托运维"打包竞拍,因此通常有资质的 APM 供应商大多都会参与竞拍,在报价和承诺的运维服务质量完全公开的情况下,竞争往往非常激烈。在这种竞拍的环境下,上述第一种和第二种模式往往比第三和第四种模式更有竞争力。

对于现有 APM 系统来说,竞拍运维合同的竞争激烈程度要比新建系统弱得多,其原因在于原运维服务商通常也是建造商,对自己的设备的技术特性以及在机场的应用状况有着更好的了解。原运维服务商所具有的专业知识以及在原材料、零部件供应方面优势使得其他运维供应商难以与之竞争。对于新建 APM 系统来说,APM 建造商在竞拍运维服务合同方面有着明显的优势,自己建造的系统自己来执行运维本身就是质量的保证。同时,第一阶段运维合同的价格通常也不会太高,其原因在于机场方面的"交钥匙工程 + 委托运维"打包竞拍策略可以加剧 APM 供应商之间的竞争,从而消除垄断,降低成本。因此无论是新建还是既有 APM 系统,APM 建造商都拥有争取运维业务的固有优势。

对处于发展初期的我国机场 APM 行业而言,应大力加强潜在运维业务商的培养,尽量引入竞争机制,为机场方面提供一些谈判杠杆。这将有助于确保机场方面以尽量低的成本获得较高的 APM 系统运维服务质量。当然,在这一过程中要始终把安全运维放在首位,凡是在安全方面有不合格记录的供应商一定要排除在外。

小　　结

本章详细论述了机场 APM 系统具体功能和结构体系的规划方法,包括线路、车站、维护与储存设施、中央控制系统、供电系统、附属设施、运维模式等软硬件系统的规划以及客流量估算和列车配置方法等。机场 APM 系统的规划是一个庞大的系统工程,需要用到多种专业知识和技术,牵涉到方方面面复杂的情况。为完成一个优秀的机场 APM 系统规划方案,相关部门要走好专家路线,进行科学论证、合理规划,并广泛听取各类航空旅客的意见建议;要遵循局部服从和服务于大局的原则,协调局部矛盾和问题,使整个方案更优化、更合理、更科学。

参 考 文 献

［1］李文沛,刘武君.机场旅客捷运系统规划[M].上海:上海科学技术出版社,2015.

［2］柳拥军,佟关林.城市轨道车辆[M].北京:中国科学技术出版社,2016.

［3］蒋凤伟.APM 系统在大型枢纽机场中的应用研究[D].天津:中国民航大学,2007.

［4］陈津.地铁车辆方案比选与中小运量城轨制式选型决策方法研究[D].北京:北京交通大学,2022.

［5］张福宇.城轨车辆技术状态综合评价方法的研究[D].北京:北京交通大学,2020.

［6］徐泽水.不确定多属性决策方法及应用[M].北京:清华大学出版社,2004.

［7］KIM S H,HAN C H. An interactive procedure for multi-attribute group decision making with incomplete information[J]. Computers & operations research,1999,26:755-772.

［8］张仟,柳拥军,马文君.PRT 系统应用于枢纽机场地面交通的可行性研究[J].现代城市轨道交通,2019(1):61-64.

［9］李梁,刘亚宁,扶巧梅.悬挂式单轨车辆的特点及应用[J].技术与市场,2017,24(12):20-22,26.

［10］岳超源.决策理论与方法[M].北京:科学出版社,2011.

［11］李楠.首都国际机场旅客捷运系统使用分析[J].中国科技信息,2013(20):135-136.

［12］PARK K S,KIM S H. Tools for interactive multi-attribute decision making with incompletely identified information[J]. European Journal of Operational Research,1997,98(1):111-123.

［13］KIM S H,AHN B S. Interactive group decision making procedure under incomplete information[J]. European Journal of Operational Research,1999,116(3):498-507.

［14］KIM S H,CHOI S H,KIM J K. An interactive procedure for multiple attribute group decision making with incomplete information:Range-based approach[J]. European Journal of Operational Research,1999,118(1):139-152.

［15］李喆.地铁项目采购管理研究[D].天津:天津大学,2007.

［16］王亚丽.中小运量城市轨道交通车辆选型分析[J].城市轨道交通研究,2019,22(7):97-101.

［17］许莹.中低运量城市轨道交通系统制式选择研究[D].北京:北京交通大学,2014.

［18］张玉娇.中运量城市轨道交通系统及其在我国的适用性研究[D].北京:北京交通大学,2020.

［19］张福宇.城轨车辆技术状态综合评价方法的研究[D].北京:北京交通大学,2020.

［20］代冲.城市轨道交通车辆选型评价体系研究[D].石家庄:石家庄铁道大学,2013.

［21］徐泽水.部分权重信息下多目标决策方法研究[J].系统工程理论与实践,2002(1):43-47.

［22］徐泽水.部分权重信息下对方案有偏好的多属性决策法[J].控制与决策,2004(1):85-88.

［23］徐泽水.语言多属性决策的目标规划模型[J].管理科学学报,2006(2):9-17.

［24］刘亚宁,李梁,刘家栋.中低速磁浮列车与跨坐式单轨车辆的综合比选[J].技术与市场,2017,24(9):29-30.

［25］赵海宾.跨座式单轨在北京的适用性初步研究[D].北京:北京交通大学,2014.

［26］赵阳.悬挂式单轨交通系统关键技术及适应性分析[J].铁道标准设计,2019,63(7):51-56.

［27］ZHOU J,DU Z,YANG Z,et al. Dynamic parameters optimization of straddle-type monorail vehicles based multiobjective collaborative optimization algorithm[J]. Vehicle System Dynamics:International Journal of Vehicle Mechanics and Mobility,2020,58(1/3):357-376.

［28］LIU W,ZHANG C,WANG F,et al. Study on the selection of middle urban mass rapid transit system and adaptability analysis[J]. Journal of Internet Technology,2021,22(3):605-613.

[29] 杨新斌.中低速磁浮交通技术[M].上海:同济大学出版社,2017.

[30] 娄琦.旅客自动运输系统(APM)全自动驾驶应用解析[J].城市轨道交通研究,2016,19(增刊2):16-20.

[31] OSTERHUS W,KORTEMEYER A. The COMBINO low-floor light rail vehicle:a new train of thought[J]. Rail Engineering International,1996,25(11):10-12.

[32] 史海鸥,罗燕萍.广州珠江新城旅客自动输送系统(APM)设计特点[J].都市快轨交通,2012,25(4):18-22.

[33] 宋泳霖,李明洋,任利惠.回转方式对 APM 车辆曲线通过性能影响分析[J].电力机车与城轨车辆,2016(7):177-183.

[34] 任利惠,季元进,薛蔚.单轴轮胎走行部 APM 车辆的动力学性能[J].同济大学学报(自然科学版),2015,43(2):280-285.

[35] 白晓琨.基于动力学分析的胶轮 APM 系统线路平纵断面参数研究[D].北京:北京交通大学,2020.

[36] 李磊.直线电机地铁车辆系统动力学研究[D].北京:北京交通大学,2015.

[37] 郝海龙.直线电机车辆动力学仿真研究[D].北京:北京交通大学,2005.

[38] 陈佳槟.基于 RCM 的直线电机车辆维修决策系统研究[D].北京:北京交通大学,2019.

[39] 李耀.APM 车辆系统动力学性能仿真分析及参数优化研究[D].重庆:重庆交通大学,2018.

[40] 赵阳.悬挂式单轨交通系统关键技术及适应性分析[J].铁道标准设计,2019,63(7):51-56.

[41] 张海涛,梁汝军.地铁列车全自动无人驾驶系统方案[J].城市轨道交通研究,2015(5):33-37.